Pinóquio no País dos Paradoxos

Alessio Palmero Aprosio

Pinóquio no País dos Paradoxos

Uma viagem pelos grandes problemas da lógica

Tradução:
Isabella Marcatti

Revisão técnica:
Thomás A.S. Haddad
Professor de história das ciências da Escola de Artes, Ciências e Humanidades/USP

3ª reimpressão

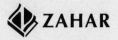

Aos meus pais

Copyright © 2012 by Alpha Test S.r.l.

Tradução autorizada da primeira edição italiana, publicada em 2012 por Sironi Editore, de Milão, Itália

Grafia atualizada segundo o Acordo Ortográfico da Língua Portuguesa de 1990, que entrou em vigor no Brasil em 2009.

Título original
Pinocchio nel paese dei paradossi:
Viaggio tra le contraddizioni della logica

Capa
Sérgio Campante

Imagem da capa
© Nicoolai/iStockphoto

Preparação
Lígia Azevedo

Revisão
Eduardo Monteiro
Vania Santiago

CIP-Brasil. Catalogação na publicação
Sindicato Nacional dos Editores de Livros, RJ

A663p   Aprosio, Alessio Palmero
Pinóquio no País dos Paradoxos: uma viagem pelos grandes problemas da lógica/Alessio Palmero Aprosio; tradução Isabella Marcatti. – 1ª ed. – Rio de Janeiro: Zahar, 2015.
il.

Tradução de: Pinocchio nel paese dei paradossi: Viaggio tra le contraddizioni della logica.
Inclui bibliografia
ISBN 978-85-378-1393-5

1. Matemática. 2. Lógica. I. Título.

14-17005   CDD: 510
     CDU: 51

Todos os direitos desta edição reservados à
EDITORA SCHWARCZ S.A.
Praça Floriano, 19, sala 3001 – Cinelândia
20031-050 – Rio de Janeiro – RJ
Telefone: (21) 3993-7510
www.companhiadasletras.com.br
www.blogdacompanhia.com.br
facebook.com/editorazahar
instagram.com/editorazahar
twitter.com/editorazahar

Sumário

Prefácio 7

Prólogo 11

1. Mestre Cerejo, carpinteiro, encontra um pedaço de madeira e não consegue ficar com ele 13

2. Geppetto se pergunta se Pinóquio é sempre Pinóquio 22

3. Pinóquio vende a cartilha em troca de um talho em um bastão de madeira 31

4. Duas marionetes fazem aniversário no mesmo dia, porém, na melhor parte da festa, chega Manjafogo 39

5. No qual se compreende o verdadeiro dilema de Manjafogo 46

6. Pinóquio e Colombina são libertados por Manjafogo 53

7. Pinóquio encontra o Gato e a Raposa e entende que jamais ficará rico sem eles 58

8. Pinóquio cai nas mãos dos assassinos, mas é salvo por uma Fada 63

9. Pinóquio descobre que o mundo é pequeno e planta suas moedas no Campo dos Milagres 70

10. Pinóquio descobre a trapaça do Gato e da Raposa, vai ao Juiz e termina na prisão   76

11. Pinóquio fica preso em uma armadilha, mas entrega os verdadeiros ladrões e é recompensado   84

12. Pinóquio chora pela Fada, mas encontra um homem estranho que lhe dá um barco de presente   91

13. Pinóquio chega ao País das Abelhas-Operárias   98

14. Pinóquio conhece um estranho Barbeiro e reencontra a Fada   104

15. Pinóquio vai à escola, onde faz uma prova surpresa   111

16. Pinóquio parte para o País das Brincadeiras   117

17. Pinóquio se diverte no País das Brincadeiras e conhece as infinitas crianças que vivem nele   125

18. Pinóquio foge do circo e é engolido pelo Peixe-Cão   132

19. Finalmente Pinóquio deixa de ser um boneco e se torna um menino   140

Epílogo   147

Bibliografia   149
Agradecimentos   151

Prefácio

TODOS LEMOS ESSA HISTÓRIA quando éramos pequenos. Talvez ela nos tenha sido contada pelo pai ou pela mãe, por algum tio ou avô, e, depois, já adultos, nós a tenhamos relido. Lembramos a versão produzida por Walt Disney. É provável que a tenhamos assistido em alguma adaptação para a TV. É *Pinóquio*, a obra-prima da literatura para crianças, o único texto italiano do século XIX que se afirmou e se tornou conhecido no mundo todo.

Ainda assim, é provável que nenhum de nós jamais tenha cogitado que a revisitação das aventuras do boneco de madeira mais famoso do mundo pudesse oferecer o pretexto para desencadear toda uma série de reflexões lógicas. É muito difícil que o próprio autor – Carlo Collodi, pseudônimo de Carlo Lorenzini – tenha pensado nisso, visto que não consta que tivesse uma relação especial com a matemática, ou mesmo simpatia por ela. Ele começou a publicar *Pinóquio* em capítulos em 1881, numa revista para crianças.

A Itália tinha sido unificada havia poucos anos. Sua matemática, no entanto, pulara algumas etapas e, em pouco tempo, reassumia um lugar mais do que digno no cenário internacional. Aliás, estava se aproximando daqueles decênios entre os séculos XIX e XX que hoje são considerados o período mais belo e vivaz da disciplina em seus 150 anos de vida e que a levaram a rivalizar com as grandes escolas alemãs e francesas.

Não há, portanto, nenhuma ligação declarada entre *Pinóquio* e sua leitura ou utilização por um viés científico. Diferente, por exemplo, é o caso de *Alice no País das Maravilhas*, em que as múltiplas referências no texto e a própria personalidade do autor sugerem a "instrumentalização" científica. Porém, veio preencher essa lacuna a pena jovem e vigorosa de Alessio Palmero Aprosio, que retoma a história de Pinóquio e de seus companheiros de aventuras e a enriquece do ponto de vista do Grilo Falante, criando uma multiplicidade de situações paradoxais que levam a refletir sobre a utilidade e o valor da lógica entendida como raciocínio correto e rigoroso.

Nos últimos anos, observou-se na Itália um pequeno boom de publicações que podem ser classificadas como divulgação científica. Esse crescimento significativo (ao menos em comparação ao panorama desolador de algumas décadas atrás) atingiu também a matemática. Alguns torcem o nariz diante do rigor e do nível de uma divulgação que parece, às vezes, levar exageradamente a sério o imperativo de divertir a qualquer custo. Permanece o fato de que a onda – por assim dizer – da mais recente divulgação científica manifesta, nos leitores e nos autores, um renovado interesse pelo conteúdo científico ou, pelo menos, por todas as ocasiões que se apresentam para relacionar a alguma "parte" da ciência textos e situações que, à primeira vista, parecem muito distantes dela. A contaminação produz efeitos surpreendentes. Não aborrece, faz pensar e cria conexões inesperadas.

Aliás, a história dos paradoxos de Alessio Palmero Aprosio não aborrece nem um pouco – são também seus cúmplices o grande Carlo Lorenzini e nossas recordações de infância. O leitor mais cauteloso percebe sem esforço os modos pelos quais, a cada capítulo, a narrativa e os diálogos nos conduzem a situações que desafiam a opinião comum – essa é, aliás, a etimologia de *paradoxo* – e produzem ambiguidades, quebra-cabeças, absurdos. São aqueles enigmas lógicos que, uma vez resolvidos, tornam-se curiosidades e sutilezas e encerram o prazer da solução de um dilema que parecia insuperável.

Palmero Aprosio nos leva a refletir sobre o significado das palavras *mesmo* e *igual* dentro de determinado contexto, sobre a definição de *monte*, sobre as diferenças entre aspectos teóricos e práticos de um problema. Faz menção à teoria dos jogos e ao teorema do ponto fixo de Brouwer, mas, sobretudo, nos introduz no universo dos paradoxos. Há aqueles antigos e famosos, do atribuído ao filósofo cretense Epimênides à tartaruga de Zenão, do paradoxo do crocodilo, que remete a Diógenes Laércio, ao clássico dilema do barbeiro. E há também paradoxos mais modernos.

Na leitura, ficamos sabendo das dificuldades de encontrar um sistema de votação que não apresente vulnerabilidades e do famoso problema do Hotel de Hilbert, do paradoxo do aniversário de Von Mises (utilizado em criptografia), daquele do sexo dos filhos e também o do elevador. Com um paradoxo, Pavio leva Pinóquio a acreditar que na semana seguinte não haverá prova e que, portanto, a diversão está garantida, sem nenhum receio dos prazos escolares – tudo isso porque o professor havia declarado que a prova seria surpresa e que os meninos não teriam conhecimento do dia exato de sua realização até que estivessem sentados em sua carteira naquele mesmo dia.

Nem é preciso dizer que até mesmo a conclusão da história de nosso boneco, ao menos na versão que vocês têm em mãos, é paradoxal... Boa leitura!

ANGELO GUERRAGGIO
Universidade Bocconi, Milão

Prólogo

– Era uma vez...
– Um rei! – dizem logo os leitores.
– Não, meus caros, vocês erraram. Era uma vez um pedaço de madeira.
Nesse ponto, os leitores fazem uma careta de desaprovação. Os tempos mudam, e os leitores seguem os tempos.
– Mas, como assim, um pedaço de madeira? Esperávamos naves espaciais, alienígenas, vampiros, lobisomens, histórias de amor, guerras ferozes e sanguinárias. Um pedaço de madeira é coisa do século XIX! – exclamam.
– Um pedaço de madeira está fora do tempo e do espaço, está dentro de cada um de nós e nos acompanha ao longo de toda a nossa vida.
– Um narrador que, além do mais, dá lições de vida, ora essa! – bufam impacientes os leitores.
– Narrador, autor, leitor, que diferença faz? O que conta é que sou um Grilo Falante e que, por isso, falo.
– Mas não demais, por favor; queremos a história.
– Quanta pressa, meus caros. E, depois, a história do Pinóquio todo mundo já conhece. O que vocês não sabem, entretanto, é que algumas anedotas o senhor Carlo Lorenzini, conhecido como Collodi, não quis contar.
– É mesmo? – exclamam todos em coro.

– Claro. Talvez tenha sido por problema de espaço, uma escolha editorial, pura preguiça. Vocês querem, então, ouvir minha versão da história?
– Está bem, vamos ver o que você sabe fazer.
– Paramos no pedaço de madeira...

1. Mestre Cerejo, carpinteiro, encontra um pedaço de madeira e não consegue ficar com ele

Não era um pedaço nobre, como a madeira maciça que se usa para o revestimento interno dos carros de luxo, nem um compensado ordinário, como aquele de que são feitos os móveis chinfrins das lojas de departamentos, ou seja, daqueles bem baratinhos. Era um belo pedaço de madeira, dos que já pertenceram a uma árvore e que, muitas vezes, são jogados na lareira para esquentar as noites frias de inverno.

De um modo ou de outro, aquele pedaço de madeira foi parar na oficina de um velho carpinteiro, um tal mestre Antônio, que todos chamavam de Mestre Cerejo, devido à ponta de seu nariz, que vivia avermelhada como uma cereja madura.

Assim que viu aquele pedaço de madeira, o carpinteiro se alegrou e, esfregando as mãos de contentamento, resmungou:

— Esta madeira chegou na hora certa: vai se transformar na perna de uma mesinha.

Dito isso, apressou-se a alisá-la com uma enxó recém-afiada; foi então que percebeu que estava sem os óculos. Seria realmente uma pena cortar de qualquer jeito uma madeira tão bonita, e Mestre Cerejo, sem a ajuda das lentes, não era capaz de reconhecer nem mesmo sua casa. Começou, então, a olhar ao redor e a tatear a mesa de sua oficina, sem sucesso.

– Claro! – exclamou. – Se meus óculos já estivessem sobre meu nariz, seria muito mais simples encontrá-los, porém seria também inútil, visto que eu já estaria com eles.

A procura continuou sem descanso, até que dois policiais bateram na vidraça. Mestre Cerejo não precisou das lentes para saber quem eram e logo abriu a porta.

– Soubemos que o senhor encontrou um pedaço de madeira – disse um deles.

– Sim, claro, é este aqui.

– E como o senhor o obteve, mestre Antônio? Por acaso comprou-o?

– Não, senhor! Eu o encontrei.

– E não lhe ocorreu que alguém pudesse tê-lo perdido?

– Sinceramente, não. Foi isso que aconteceu?

– Claro que não, mas isso não quer dizer que seja seu – replicou o representante das forças da ordem. Depois, prosseguiu: – A não ser que...

– A não ser que... o quê? – indagou Mestre Cerejo, visivelmente interessado.

– A não ser que o senhor seja analfabeto – respondeu o policial.

– Se o senhor for analfabeto – retomou o colega –, a lei prevê que pode ficar com o pedaço de madeira.

– Existe mesmo uma lei que diz isso? – perguntou, estupefato, Mestre Cerejo. – Serviria perfeitamente para mim: não sei ler nem escrever.

– Claro, olhe aqui. – Ele estendeu uma folha para o carpinteiro. – Parágrafos 21 e 22 do artigo 57 da lei intitulada "Descoberta de um pedaço de madeira por um carpinteiro".

– Como disse, não sei ler, ou não seria analfabeto.

Os dois policiais entreolharam-se e permaneceram em silêncio por alguns segundos.

– Certo, certo – continuou um deles. – A questão é, entretanto, simples. O parágrafo 21 sustenta que um carpinteiro analfabeto, devido a sua condição de inferioridade social, pode conservar para si um pedaço de madeira encontrado na rua.

– O parágrafo 22, por outro lado – emendou o outro –, trata de uma simples formalidade burocrática. Para poder obter o pedaço de madeira é preciso preencher e assinar o formulário 15-A no qual se declara analfabeto.

Dito isso, estendeu a Mestre Cerejo um papel e uma caneta solicitando o preenchimento. O velho, estarrecido, mal conseguia pronunciar uma palavra.

– Mas...

– Algo errado? – perguntou o primeiro policial.

Ele foi seguido, em tom de ameaça, pelo segundo: – O senhor não quer assinar? Tem, por acaso, algo a esconder? Nossas prisões estão repletas de pessoas com problemas desse tipo.

– De modo algum – respondeu, assustado, o carpinteiro. – Como eu dizia – continuou –, sou analfabeto, por isso, não sei ler nem escrever. Sendo assim, como os senhores veem, não posso fazer o que me pedem.

– Entendo – disse o policial –, porém, se o senhor não preencher o formulário, não poderá ficar com o pedaço de madeira.

– Mas, se o preenchesse, não seria analfabeto, certo? – rebateu o carpinteiro.

– Exatamente, portanto, de qualquer modo, não poderia ficar com ele.

Dito isso, os dois policiais prepararam-se para pegar o pedaço de madeira das mãos do carpinteiro para levá-lo à central.

– Não quero terminar na prisão! – disse uma vozinha fraca, de origem desconhecida.

Os dois policiais se viraram num salto, pensando que a voz viesse de trás deles, mas não viram ninguém. Nesse meio-tempo, deixaram escapar o pedaço de madeira, que caiu no chão.

– Ai! Assim eu me machuco! – gritou a tal vozinha.

– Socorro! Esse pedaço de madeira está tomado por espíritos! – gritaram os dois. – Fique com ele – disseram, afinal, ao carpinteiro. E saíram correndo.

Enquanto Mestre Cerejo ainda tentava se refazer do susto, entrou na oficina um velhinho bem lépido. Ele se chamava Geppetto e tinha uma cabeleira que parecia muito com uma polenta. Por isso, era chamado de Polentinha pelos meninos do vilarejo. Mas ai de quem o chamasse assim!

– Bom dia, mestre Antônio – disse Geppetto. – Viu um fantasma?

– Não, estou pensando na morte da bezerra.

– Bom proveito, então!

– O que o traz a minha oficina, caro compadre Geppetto?

– As pernas – ele disse sorrindo. – Vim para lhe pedir um favor. Hoje acordei com uma ideia em mente, e talvez você possa me ajudar a realizá-la.

– Diga lá!

– Pensei em fabricar uma marionete que saiba dançar, lutar com espada e dar saltos-mortais. Com ela, poderei fazer uma turnê pelo mundo e ganhar meu pão, além de algumas taças de vinho, claro.

Mestre Cerejo lançou-lhe um olhar de aprovação, e Geppetto continuou:

– Fui ao banco pedir um empréstimo para comprar um pedaço de madeira, mas, para poder obtê-lo, eu teria de hipotecar um pedaço de madeira como garantia. Porém, não possuo um pedaço de madeira, por isso não pude hipotecá-lo. Aliás, se tivesse um pedaço de madeira para hipotecar, certamente não teria pedido um empréstimo ao banco, não é verdade?

– Muito bem, Polentinha, sem madeira e sem um tostão!

Quando ouviu aquele nome, Geppetto ficou vermelho feito um pimentão e se dirigiu ao carpinteiro:

– Por que está me ofendendo?

– Quem?

– Você me chamou de Polentinha!

– Não fui eu.

– E então fui eu, por acaso? Foi você, confesse!

– Não!

– Sim!

– Não!

– Sim!

E como conclusão da aguda e penetrante discussão, passaram das palavras aos fatos, trocando tapas, arranhões e mordidas.

Do mesmo modo que estavam habituados a brigar, estavam habituados a fazer as pazes. De fato, depois de poucos minutos, Geppetto e Mestre Cerejo estavam de bem.

– Bem, caro Geppetto, de que favor você precisa? Não me peça dinheiro, porque não tenho nem mesmo para mim.

– Nada de dinheiro. Eu queria um pouco de madeira para fabricar minha marionete. Você me daria?

Mestre Antônio, todo contente, foi pegar o pedaço de madeira que o tinha livrado dos policiais, mas que também tinha sido o motivo da vinda deles à oficina. Isso sem mencionar aquela voz estranha, ainda desconhecida.

Quando estava pronto para entregá-lo ao amigo, porém, o pedaço de madeira deu um solavanco e bateu na canela do pobre Geppetto.

– Ah! Então é assim que você oferece um presente? – disse Geppetto.

– Não fui eu, juro!
– Terei sido eu, então?
– É tudo culpa da madeira.
– Sei que foi a madeira, mas foi você que a atirou nas minhas pernas!
– Não fui eu!
– Mentiroso!
– Polentinha!

E foi assim que os dois saíram no tapa novamente.

Não vou descrever a lista de palavras carinhosas e afetuosas que os dois trocaram, mas, no fim, um tinha dois arranhões a mais no nariz, e o outro, dois botões a menos na camisa. Empatados, apertaram-se as mãos e juraram amizade eterna.

Geppetto pegou, enfim, seu pedaço de madeira e voltou alegre para casa.

O CANTO DO GRILO FALANTE

Como Geppetto e Mestre Cerejo acabam de demonstrar, muitas vezes situações que não conseguimos compreender ou que escapam à lógica são a causa de pequenas brigas ou grandes guerras. Nesse caso, procurar os óculos sem enxergar nada, declarar por escrito a própria condição de analfabeto, demonstrar ter dinheiro para poder pedir mais dinheiro ao banco são todos exemplos de sentenças cujo conteúdo é paradoxal, como a mais famosa e sintética delas: "Esta frase é falsa." Se a frase fosse verdadeira, então seria falsa; se fosse falsa, seria verdadeira.

O problema, que despertou o interesse de gerações de lógicos e matemáticos, surge no momento em que se considera uma sentença qualquer que fale de si mesma. A origem dessa questão remonta à Grécia antiga, quando o cretense Epimênides, que viveu no século VI a.C., afirmou que "todos os cretenses são mentirosos". Dado que o próprio Epimênides era cretense, sua frase não poderia ser verdadeira, pois ele também teria que estar mentindo. Seria, então, falsa, ou seja, deveria existir ao menos um cretense que dizia a verdade, e se esse cretense fosse o próprio Epimênides sua afirmação deveria ser verdadeira. Mas ninguém pode dizer que o cretense sincero era o próprio Epimênides. Essa questão lógica atordoou a tal ponto as mais ilustres personalidades da época que, passados 2.500 anos, ainda se fala dela.

A concepção do paradoxo enquanto tal é geralmente atribuída, porém, a Eubulides de Mileto (século IV a.C.), que primeiro teria afirmado: "Um homem diz que está mentindo. O que ele diz é verdadeiro ou falso?" Essa formulação mais direta e precisa trouxe à luz um elemento paradoxal na base do problema: a autorreferência. O filósofo está, de fato, falando de si mesmo, especialmente na sentença que pronuncia naquele instante.

Já o uso do parágrafo 22 para declarar-se analfabeto faz referência ao famoso romance de Joseph Heller (1923-1999), *Ardil 22*, de 1961, no qual o autor traça uma crítica contundente à guerra e coloca em evidência seu absurdo utilizando um regulamento militar fictício intencionalmente contraditório. De acordo com uma norma desse regulamento, qualquer um que seja louco pode pedir dispensa do fronte. Por outro lado, existe um parágrafo, o 22, justamente, segundo o qual qualquer um que peça afastamento da zona de combate não é, de modo algum, louco. Consequentemente, pela norma anterior, não teria direito à dispensa.

A versão do paradoxo do mentiroso utilizada por Heller é uma variante do enunciado original, que pode ser esquematizado do seguinte modo:

A: "A sentença B é verdadeira."

B: "A sentença A é falsa."

Relendo essa nova formulação, pareceria, portanto, que o problema não está mais na autorreferência, como observou o filósofo francês Jean Buridan (século XIV). No enunciado original, ele imaginou um diálogo entre Platão e Sócrates no qual o primeiro diz "A próxima sentença de Sócrates será falsa" e o segundo rebate: "O que Platão disse é verdade."

Nesse caso, não há uma sentença que fale de si mesma, mas a união das duas nos conduz à situação contraditória dos exemplos precedentes. Se a sentença A fosse verdadeira, então a B também seria, porém, a B declara que a A é falsa. Se, ao contrário, a A fosse falsa, a B também seria, porém, como a B declara que a A é falsa, a A seria então verdadeira.

Tentando escrever outras sentenças autorreferentes, é possível construir diversas situações interessantes, ainda que nem sempre contraditórias. Por exemplo, dizer "Esta sentença é verdadeira" não cria nenhum paradoxo. Se fosse verdadeira, seria simplesmente uma afirmação verdadeira, enquanto, se fosse falsa, estaríamos às voltas com uma mentira, então tudo ficaria na mesma. Na prática, as coisas também funcionam assim. Um vendedor de carros usados certamente declararia que não mente nunca. Se dissesse uma mentira, seria simplesmente tachado de enganador, sem, porém, criar confusões lógicas ou situações contraditórias.

Isso não significa, no entanto, que o dia a dia não esteja repleto de situações contraditórias. Pensemos, por exemplo, nas diversas ofertas de emprego que se veem por aí: "Procura-se funcionário com experiência." Mas como posso ter experiência se ninguém me contrata sem que eu já tenha? Ou, então, como já foi dito: raramente um banco concede um empréstimo a uma pessoa que não possa, de algum modo, dar garantia de possuir bens de valor igual ou superior àquele requisitado. Infelizmente, o empréstimo se faz necessário sobretudo para quem não pode oferecer uma garantia assim. Para concluir, o que dizer do escritor iniciante que, na maioria das vezes, não é recebido pelas editoras se não tiver publicado ao menos um livro?

2. Geppetto se pergunta se Pinóquio é sempre Pinóquio

GEPPETTO NÃO ESPEROU nem um instante. Assim que chegou em casa, começou a esculpir seu boneco. A casa de Geppetto era pobre, exatamente como ele: um quartinho com pouca luz, uma cadeira capenga, uma mesa deteriorada e uma lareira.

– Como o chamarei? – perguntou-se Geppetto a certa altura. Depois, olhou para o pedaço de madeira e não teve mais dúvidas: – Pinóquio, eu o chamarei de Pinóquio!

Assim que tomou aquela decisão, voltou ao trabalho com força total, decidido a terminar quanto antes o boneco tão desejado.

Fez os cabelos, o rosto e, por fim, os olhos: imaginem sua admiração quando descobriu que eles se moviam e o olhavam fixamente.

Geppetto prosseguiu com determinação. Depois dos olhos, foi a vez do nariz, mas, assim que o terminou, ele começou a crescer desmedidamente. O pobre carpinteiro continuava a encurtá-lo, porém, quanto mais insistia na tarefa, mais o nariz crescia.

Após o nariz, fez a boca, então o queixo, depois o pescoço, os braços e as mãos. Faltavam, afinal, apenas as pernas e os pés. Mal teve tempo de dar à madeira o golpe conclusivo e sentiu um chute na ponta do nariz. Pinóquio, dono, afinal, de suas pernas ágeis e robustas, começou a saltitar de um lado para outro na pequena oficina do pai, até que encontrou a porta e escapou pelas ruelas do vilarejo.

Geppetto saiu correndo atrás do filho, gritando:

– Peguem-no! Peguem-no!

Mas os passantes, atordoados com a cena, não queriam de modo algum interrompê-la parando o fugitivo. E riam até não poder mais.

Ouvindo o barulho, um policial lançou-se a toda pelo meio da rua para tentar capturar o boneco. Pinóquio, ao ver de longe que o policial barrava seu caminho, fez menção de passar debaixo de suas pernas, mas fracassou.

O policial o segurou rapidamente pelo nariz, que, dadas as dimensões, parecia ter sido feito para ser agarrado. Porém, infelizmente para o pobre boneco, o nariz se partiu e ficou na mão do policial. Pinóquio parou e irrompeu em lágrimas, enquanto Geppetto o alcançou afobado; depois, recolheu nariz e boneco, agradeceu ao policial e voltou para casa.

Teria, de bom grado, dado uma bela puxada de orelha em Pinóquio, mas percebeu que, na pressa, tinha se esquecido de fazê-las. Assim, de volta à oficina, refez o nariz e esculpiu as orelhas do boneco.

– Agora você poderá me ouvir – disse o carpinteiro –, e eu poderei puxar suas orelhas quando você fizer por merecer, seu moleque travesso.

Já era noite, e Geppetto, cansado, adormeceu em frente à lareira junto a Pinóquio, que se acomodou sentado com os pés apoiados sobre um caldeirão cheio de brasas acesas. E ali caiu no sono.

Enquanto dormia, seus pés de madeira foram lentamente pegando fogo, até que o boneco foi acordado pelo cheiro de queimado e pelos gritos do pai, que viu o pobre filho naquela situação.

– O que aconteceu com você, Pinóquio?

– Não sei, pai, mas foi uma experiência horrível, da qual me lembrarei até a morte. Eu acordei, e você não estava. Daí tive fome, mas não havia nada para comer. Dei uma olhada ao redor, mas não podia fazer nada. Então comecei a bocejar e fiquei com mais fome ainda.

Dito isso, caiu em lágrimas.

Geppetto, vendo Pinóquio naquelas condições, pegou-o no colo e o acalmou:

– Não se preocupe, foi apenas um pesadelo.

Em seguida, pôs-se ao trabalho para fazer para o filho dois pés novinhos em folha.

– E procure ficar atento da próxima vez – recomendou o pai.

Porém, ele não tinha sequer terminado a frase quando Pinóquio começou a dar rodopios e cambalhotas. Numa dessas, caiu da mesa e quebrou a mão, uma orelha e um dos pés que o pai tinha acabado de refazer.

O boneco começou a chorar tão alto que seus berros podiam ser ouvidos no outro extremo do vilarejo.

– Pai, por favor, me conserte. Prometo que não serei mais tão travesso.

– Você está certo em prometer, meu filho, mas seria melhor que mantivesse a promessa. Primeiro, o nariz; depois, os pés; agora, os saltos e as cambalhotas em casa. Esta foi a última vez – respondeu Geppetto muito bravo.

– Sim, prometo que serei bonzinho e irei até mesmo à escola.

E, assim, pela terceira vez, o carpinteiro pegou as ferramentas de seu ofício e se pôs a trabalhar para colocar em ordem o pobre Pinóquio. E, como sempre, guardou cuidadosamente num canto do quarto todos os fragmentos que aos poucos ia substituindo no filho.

Apesar das promessas e das boas intenções, Pinóquio ainda era, afinal, uma criança. E brinca daqui, corre dali, pula de lá, no intervalo de poucos dias cada parte de seu corpo teve de ser reparada ou substituída. Não dava, porém, para notar, porque Geppetto sabia como trabalhar, com cuidado e paciência de Jó, para que seu Pinóquio estivesse sempre impecável.

Certo dia, o boneco tinha ficado em casa, sozinho, quando ouviu um ruído:

– Cri-cri-cri.

Assustado, olhou ao redor e viu, sobre uma prateleira, um grilo. Era eu.

– Quem é você? – perguntou Pinóquio.

– Sou o Grilo Falante e vivo neste quarto desde antes de seu pai nascer.

– Agora, porém, este quarto é meu – disse o boneco –, e faça-me o favor de ir embora sem sequer olhar para trás.

– Só irei embora depois de ter lhe revelado uma grande verdade – respondeu o Grilo.

Sem esperar que o outro terminasse de falar, Pinóquio pegou um martelo do pai e o arremessou bem na direção do Grilo, que se esquivou por pouco. O boneco, furioso, subiu no móvel ao lado da prateleira para tentar alcançar o inseto, mas caiu no chão levando consigo o móvel e tudo aquilo que estava em cima dele, fazendo tamanho barulho que foi possível ouvir até mesmo no vilarejo vizinho.

Geppetto, tendo escutado a enorme pancada, logo se deu conta de que o filho tinha aprontado mais uma das suas. Voltou então para casa e encontrou Pinóquio desmaiado no chão, sem se mexer, ao lado do móvel caído, no meio de uma torrente de objetos espalhados.

– Minha criança – gritou o pai –, o que foi que aconteceu com você?

Mas Pinóquio não respondia.

– Eu lhe imploro, Pinóquio, fale comigo.

Silêncio.

Sem perder um segundo, Geppetto pegou seus instrumentos e, pela enésima vez, pôs-se a trabalhar para reparar o indócil boneco. Primeiro, lixou as partes danificadas; depois, substituiu aquelas que não poderiam ser consertadas, armazenando-as junto às outras, no canto do quarto. Logo notou que, dada a vivacidade de Pinóquio, todas as partes das quais era feito tinham sido substituídas ao menos uma vez. Naquele momento se perguntou, depois de ter reconstituído o boneco, se ainda era o mesmo que tanto amava.

– Esta casa ainda será a mesma depois que cada pequeno detalhe da decoração, cada tijolo, cada azulejo, pelo desgaste dos anos, tiver sido substituído? Do mesmo modo, meu filho será novamente o boneco vivaz e sorridente de antes?

Assim que terminou, Pinóquio voltou, esperto, animado e pronto para tornar-se o protagonista de novas travessuras.

– Sim, é ele mesmo – disse Geppetto, mais tranquilo e satisfeito.

– Obrigado, papaizinho! Para recompensá-lo por tudo o que fez por mim – disse Pinóquio –, quero ir agora mesmo à escola.

– Bom menino!

– Mas, para ir à escola, preciso de uma bela roupa.

Geppetto, que era pobre e não tinha nem um tostão no bolso, fez para ele uma roupa de papel florido, um par de sapatos de casca de árvore e um chapeuzinho de miolo de pão.

– Que lindo! – exclamou o boneco. – Pareço um senhor distinto. Porém, para ir à escola, ainda falta uma coisa, e muito importante.

– O quê?

– A cartilha.

– Você tem razão. Mas é preciso comprar uma, e eu não tenho nem um tostão.

– Eu também não – respondeu Pinóquio entristecido.

Então o velho carpinteiro tirou seu casaco, saiu de casa e voltou com a cartilha. O casaco, porém, ele não tinha mais.

– E o casaco, pai?

– Vendi.

– Mas por quê?

– Era quente demais.

Pinóquio entendeu e, com o ímpeto de seu bom coração, pulou no colo de Geppetto e começou a beijar seu rosto todo.

O CANTO DO GRILO FALANTE

Plutarco (século I d.C.), em *Vidas paralelas*, conta que Teseu, o mítico rei de Atenas, amava navegar para cima e para baixo pelo Mediterrâneo. Em suas viagens, utilizava sua insubstituível embarcação, que não tinha nome, mas cuja força e agilidade para atravessar os mares faziam dela um objeto lendário sem precedentes.

Com frequência, porém, algumas partes dessa embarcação precisavam ser substituídas, o que acontecia nas pausas que

Teseu se concedia entre uma empreitada e outra. Depois de muitos anos e diversas substituições, o rei grego percebeu que, aos poucos, todas as partes já tinham sido trocadas. Sua embarcação ainda era, então, o mágico e insubstituível meio de muitos anos antes? De modo geral: um objeto que teve todas as suas peças substituídas ainda é o objeto original?

Segundo Aristóteles, a solução para o problema depende da definição que se dá do que é um objeto: se falar dele significa referir-se a sua essência, o que hoje chamaríamos de design, então a embarcação de Teseu é sempre a mesma; se, ao contrário, consideramos o objeto como a matéria da qual é composto, fica claro que a embarcação não é mais aquela do início.

O paradoxo, enquanto tal, não pode, portanto, ser solucionado, mas prevê respostas diversas com base nas acepções que podemos dar a termos como "mesmo" ou "igual". O problema, do ponto de vista filosófico, consiste em definir a diferença entre entidade física e entidade metafísica e pode ser resolvido de distintas maneiras, segundo o modo como o conceito de identidade é relacionado à entidade física à qual pertence.

O filósofo inglês Thomas Hobbes (1588-1679) retomou a história da embarcação de Teseu do ponto de vista do mestre de carpintaria que se ocupou dos trabalhos de restauro do barco.

Imaginando que o mestre tenha conservado cuidadosamente todas as peças que, aos poucos, foram sendo substituídas, ele poderia construir uma segunda embarcação, completamente indistinguível da primeira: qual das duas é a verdadeira embarcação de Teseu? A com as peças originais, mas não mais pertencente a Teseu, ou aquela utilizada pelo rei grego?

Em tempos mais recentes, segundo o filósofo britânico David Wiggins, não existem princípios de identidade válidos universalmente; eles dependem da função que se associa a determinado artefato. O americano Roderick Chisholm (1916-1999) tem convicções parecidas; para ele, a persistência da identidade baseia-se somente em um critério convencional: enquanto certa propriedade é válida em determinado objeto, sua identidade não muda, e, portanto, podemos dizer que o objeto permanece idêntico a ele mesmo no tempo.

No dia a dia, também nos vemos às voltas com situações semelhantes àquela da embarcação de Teseu, como com o carro, o computador ou até mesmo meias, que precisam sempre de reparos. E Pinóquio não é uma exceção, depois que, com paciência de Jó, seu pai, Geppetto, substituiu todas as suas partes.

A Universidade do País das Brincadeiras, por exemplo, mudou recentemente e se transferiu para uma sede novinha em folha, mais espaçosa e confortável. Ela ainda é a Universidade do País das Brincadeiras? Para responder, teremos, mais uma vez, de refletir um pouco sobre a definição de universidade: é o edifício que contém as salas de aula e os escritórios administrativos ou é o conjunto de docentes, alunos e funcionários?

Isaac Asimov (1920-1992), no último capítulo da *Trilogia da Fundação*, utiliza o conceito de identidade para justificar a presença ao longo de toda a série (que cobre múltiplos milhares de anos) do robô Daneel R. Olivaw: "Em meu corpo, não há uma única parte física que não tenha sido substituída muitas vezes. Até mesmo meu cérebro positrônico passou por cinco substituições."

E nem precisamos entrar na ficção científica. Na realidade, tudo na natureza passa pelo mesmo tratamento: é isso que acontece com os átomos, num nível minúsculo, e também conosco. As células de nosso corpo se deterioram e são substituídas continuamente, e também nossa personalidade, com o tempo e a experiência, é moldada como se fosse um pedaço de argila, ainda que se mantenha confinada em nosso ego.

No século V a.C., o filósofo grego Anaxágoras sustentava que nenhuma coisa nasce ou morre, mas cada uma se compõe de coisas já existentes e se decompõe nelas. No século XVIII, Lavoisier (1743-1794) retomou essa ideia e demonstrou cientificamente que "nada se cria, nada se destrói, tudo se transforma" (lei da conservação da massa).

Por outro lado, Heráclito, colega e contemporâneo de Anaxágoras, pensava de modo diferente: seu mote era *"panta rei"*, ou "tudo flui": quando olhamos um rio pela segunda vez, ele não é mais o mesmo, porque o fluir do tempo modificou as gotas de água que o compõem. Analogamente, uma experiência não pode ser repetida de maneira idêntica duas vezes, já que cada coisa que nos circunda, inclusive nós mesmos, varia continuamente de um instante a outro. Sob essa ótica, não apenas o boneco consertado não é mais o mesmo Pinóquio de antes, mas, a cada momento da narrativa, é diferente do anterior.

3. Pinóquio vende a cartilha em troca de um talho em um bastão de madeira

Na manhã seguinte, Pinóquio levantou-se cedo para ir à escola pela primeira vez.

– Tenha juízo, meu filho, vá direto para a escola, sem parar pelo caminho, para não chegar atrasado – incentivou-o Geppetto.

– Não se preocupe, papaizinho. Agora aprendi a lição. Serei sempre atento e cuidadoso, irei diretamente para a escola e aprenderei muitíssimas coisas.

– Muito bem, Pinóquio – disse Geppetto sorrindo.

O boneco abraçou o pai, estampou-lhe um enorme beijo na bochecha e tomou seu rumo.

Enquanto passeava saltitando pelas proximidades da escola, Pinóquio começou a fazer um monte de planos para o futuro: "Hoje quero aprender a fazer contas; amanhã, a ler; depois de amanhã, a escrever. Com todas as coisas que estudarei, me tornarei rico, quer dizer, riquíssimo, e comprarei um casaco novo para meu pai, de pura lã. Mas o que estou dizendo? De lã! Comprarei para ele um casaco recoberto de ouro, porque ele realmente merece. Com o frio que está fazendo, vendeu seu próprio casaco para comprar a cartilha para mim."

Não teve nem sequer tempo de concluir esse pensamento quando, de repente, foi interrompido por sons, à distância, que eram mais ou menos assim: pi-pi-pi, zum, zum, zum.

"O que será essa música? Eu bem que iria até lá ver, mas tenho que ir à escola. Meu pai foi bem claro."

Permaneceu mais alguns instantes escutando aqueles sons, depois, finalmente, tomou uma decisão: "Para ir à escola há sempre tempo, ora, ela não vai fugir! Hoje vou ouvir os pífaros." Dizendo isso, foi em direção à ruazinha de onde chegavam os sons, e, em poucos minutos, estava em uma praça abarrotada de barraquinhas de madeira das mais diversas cores.

Pinóquio parou um garotinho que passava por ali e lhe perguntou:

– O que é aquele barracão?

– Não consegue ler o cartaz? É o teatro de marionetes – respondeu o menino.

– Justo hoje não me lembro de como se faz para ler. No entanto, adoro marionetes! – exclamou Pinóquio. Depois, continuou: – Como se faz para entrar?

– Você tem que comprar um ingresso; custa quatro moedas.

– Mas não tenho quatro moedas. Será que você poderia me emprestar?

– Sinto muito, mas justo hoje não posso.

Pinóquio deu uma olhada ao redor para ver se lhe vinha alguma ideia, depois dirigiu o olhar para o livro que tinha em mãos. O boneco pensou novamente no sacrifício do pai para comprá-lo, titubeou, mas, por fim, perguntou ao garoto:

– Você me daria quatro moedas pela minha cartilha?

– Sinto muito, mas não compro nada de crianças – encerrou seu pequeno interlocutor.

O boneco, já abatido, virou-se para ir finalmente rumo à escola, quando o jovem retomou a conversa:

– Você não precisa da cartilha. Para ser sincero, você não precisa de nenhum livro.

– O que você está dizendo? – respondeu Pinóquio. – Meu pai me disse que sem este livro não posso aprender nada, e, se eu não aprender nada, não poderei me tornar rico para comprar de volta o casaco que ele vendeu para obter a cartilha.

– Não era isso que eu queria dizer. Eu estava dizendo, simplesmente, que você não precisa desse livro, porque basta saber contar. Você sabe contar?

– Claro! – replicou, decidido, o boneco. – E agora vou lhe mostrar: um, dois, quatro, sete, três, onze...

– Então, tudo certo, você não precisa do livro.

– Não entendo. O que os números têm a ver com meu livro?

– Veja bem, eu não deveria contar a ninguém, mas fui com a sua cara e quero contar um segredo a você. O truque está em transformar o livro em um número. Depois, basta começar a contar e, quando você chegar àquele número, terá reencontrado seu livro.

– Parece uma ótima ideia! Mas é preciso fazer contas? Justamente hoje não consigo me lembrar de como se faz.

– Não se preocupe, é muito simples – tranquilizou-o o garoto. – Antes de mais nada, você deve associar cada símbolo a um número. Por exemplo: "A" se torna 1, "B" se torna 2, "C" se torna 3, e assim sucessivamente, até "Z", que se torna 26. Depois você passa às cifras: por comodidade, podemos transformar "0" em 30, "1" em 31, "2" em 32, e assim por diante, até "9". Para evitar ambiguidades, você coloca um zero antes dos números com uma cifra apenas, de modo que "A" seja 01, "B" seja 02, e por aí vai.

Pinóquio não sabia se tinha entendido direito, mas a ideia de ganhar algumas moedas por sua cartilha foi certamente um incentivo para ele.

A	→	01	0	→	30
B	→	02	1	→	31
C	→	03	2	→	32
...			...		
Z	→	26	9	→	39
	GATO	→	07012015		

– Vou lhe dar um exemplo – prosseguiu o jovem. – Se na cartilha aparece escrita a palavra "gato", basta que você pegue os valores das quatro letras que a formam, que são 07 (G), 01 (A), 20 (T) e 15 (O). Agora você coloca todos os números um ao lado do outro e obtém 07012015. Assim, todas as vezes que você precisar da palavra "gato" terá apenas que contar até 07012015. Prático, não é mesmo?

Naquele momento, os olhos de Pinóquio se iluminaram: ele tinha entendido!

– É uma ótima ideia! Como é que não pensei nisso antes?

– E para que servem os amigos? – disse o rapaz. – Agora você tem apenas que pegar a cartilha inteira, transformá-la em um número e depois contar até esse número – concluiu.

– Sem problema. Sei contar perfeitamente e, para fazê-lo, não preciso nem mesmo somar – disse Pinóquio. Depois, perguntou ao menino: – Mas não vai levar tempo demais?

– Nas primeiras vezes, talvez sim. No entanto, depois que você pegar o jeito, contar a sua cartilha será brincadeira de criança!

Enquanto Pinóquio e seu novo amigo discutiam essa questão, aproximou-se deles um senhor que estava escutando toda a conversa.

– Não confie nesse bobo – disse. – Você jamais vai conseguir contar até esse número sem errar.

Pinóquio ouviu com atenção e respondeu:

– Mas eu quero ver as marionetes, e a única maneira é vender a cartilha.

– Eu a compro de você por quatro moedas – replicou o senhor. – E também o ajudarei a se lembrar do número de que tanto gosta, de modo que não possa esquecê-lo, e assim você poderá utilizar sua cartilha ainda que não a tenha.

– E como faço? – perguntou o boneco.

– É muito simples – respondeu o homem. – Basta anotar o número em algum lugar. Se o anotasse numa folha de papel, não serviria para nada, porque seria como ter a cartilha. Em vez disso, você pode fazer um talho em um bastão de madeira, de modo que a relação entre as distâncias que o separam das pontas do bastão seja exatamente o seu número. Portanto, se você quiser se lembrar do número que corresponde à palavra "gato", basta fazer uma incisão no bastão de modo que a relação entre as duas distâncias das quais falamos seja 0,7012015, e está feito.

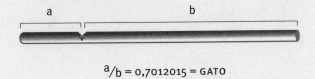

a/b = 0,7012015 = GATO

Dito isso, o senhor folheou atentamente o livro de Pinóquio e, com um golpe seco, marcou seu bastão em um ponto preciso.

– Aqui está – prosseguiu. – Agora você não precisa mais da cartilha.

– Mas será verdade que um talho tão pequeno assim pode substituir meu livro?

– Claro. Basta que depois você meça com precisão o comprimento dos dois segmentos nos quais o talho divide o bastão: calculando a relação entre eles, obterá novamente o número da cartilha – concluiu. Deu então a Pinóquio o bastão marcado e quatro moedas e foi embora.

Assim, num piscar de olhos, o livro foi vendido, enquanto o pobre Geppetto, que ficara em mangas de camisa para comprar a cartilha para o filho, estava em casa passando frio.

O CANTO DO GRILO FALANTE

Antes de sair correndo para comprar um bastão de madeira e poder comprimir toda a sua biblioteca em um simples talho, vocês deveriam se perguntar se é realmente possível realizar tal empreitada. E a resposta a essa pergunta é, infelizmente, negativa. Somente na prática, porém, porque, na teoria, como aquele senhor explicou, não há especiais dificuldades que impeçam a existência de um ponto preciso no qual fazer o talho. Esse é um dos vários problemas que separam a matemática da engenharia: uma coisa é o aspecto teórico do problema, outra, completamente diferente, é o prático.

No exemplo do bastão, o limite físico a ser levado em consideração está no nível molecular: se, hipoteticamente, o bastão tiver um metro de comprimento, a dimensão máxima do texto codificável não poderia superar dez cifras, ou seja, cinco caracteres. Para cifrar a palavra "gato" do exemplo, seria necessária, com certa dificuldade, a precisão de um microscópio.

Considerando palavras mais longas, nós nos confrontaríamos com o átomo, a partícula elementar de que toda matéria é constituída. O termo "átomo" significa, justamente, "indivisível" e foi criado no século IV a.C. pelo filósofo grego Demócrito. Já naquela época, portanto, por meio da simples intuição, tinha sido levantada a hipótese da existência de uma partícula menor que todas as outras que funcionasse como "tijolo" de todo o mundo físico-corpóreo. O progresso científico atribuiu, posteriormente, um significado diferente ao termo, mas, em essência, o bastão com a cartilha de Pinóquio continua sendo inviável.

Ainda que suponhamos ir além da precisão do átomo (utilizando, por exemplo, as dimensões de prótons, nêutrons e elétrons), a situação não mudaria significativamente.

O problema lembra muito aquele do macaco incansável: um macaco que tivesse tempo ilimitado e que batesse sem parar os dedos no teclado de um computador, de modo completamente casual, cedo ou tarde acabaria escrevendo qualquer obra de literatura presente, passada e, até mesmo, futura. Também nesse caso, o todo é teoricamente possível, porém, na prática, o tempo necessário para obter um texto que tenha sentido completo e certa extensão supera a idade do universo em diversas ordens de grandeza. Basta pensar que apertando uma tecla por segundo seriam necessários mais de três dias para que a probabilidade de escrever "gato" seja superior a 50%.

O escritor argentino Jorge Luis Borges (1899-1986) utilizou uma versão muito semelhante desse paradoxo em seu conto "A biblioteca de Babel". A história, que apareceu pela primeira vez em 1941, na famosa antologia *O jardim dos caminhos que se bifurcam*, narra um mundo composto por infinitas galerias hexagonais. Em cada uma delas, além dos gêneros de primeira necessidade para o sustento dos seres humanos, há trinta prateleiras com 32 livros em cada; todos os volumes parecem idênticos: são constituídos por 410 páginas; cada página tem quarenta linhas; e cada linha tem quarenta caracteres.

Os personagens da história descobrem que nesses infinitos hexágonos estão presentes todos os possíveis livros de 410 páginas – presentes, passados e futuros.

Entretanto, como o tempo para o macaco incansável, o número de livros possíveis com essas características é muito superior àquele dos átomos disponíveis no universo inteiro. O autor observa, porém, que esse número, ainda que grande, está bem distante de ser infinito. Considerando hipoteticamente uma biblioteca composta de fato por infinitos livros, existirá até mesmo mais de um exemplar do mesmo livro, e, mais precisamente, existirão infinitos exemplares desse livro.

4. Duas marionetes fazem aniversário no mesmo dia, porém, na melhor parte da festa, chega Manjafogo

Quando Pinóquio entrou no teatro de marionetes, o espetáculo já tinha começado. Sobre o pequeno palco estavam Arlequim e Polichinelo, que, como sempre, ameaçavam sair no tapa. Enquanto isso, o público rolava de rir vendo os dois bonecos dispostos a brigar.

A certa altura, aconteceu uma coisa imprevista: eles interromperam a discussão e se viraram na direção de Pinóquio.

– Será que estou sonhando? Aquele lá no fundo não é o Pinóquio, um boneco como nós? – disse Arlequim.

– É ele mesmo! – respondeu Polichinelo. Depois o incentivou: – Venha aqui com a gente, rápido!

Pinóquio não esperou que pedissem mais uma vez e, com um salto felino, foi parar sobre o palco com os dois novos amigos. Os três convocaram todos os outros bonecos e começaram a fazer uma festa; entre gritos e confusão, colocaram o recém-chegado nos ombros e o carregaram pelo teatro.

– Queremos comédia! – berrava o público impaciente.

Mas era inútil, porque os bonecos continuaram a festejar e, lentamente, se retiraram para a coxia do teatrinho e fecharam as cortinas. Ali Pinóquio quis conhecer todos os seus novos amigos.

– Como você se chama? – perguntou ao primeiro.

— Briguela — respondeu ele. — Meu pai me esculpiu no dia 6 de dezembro do ano passado.

— Eu também fui esculpido por meu pai! — replicou Pinóquio. Depois se voltou para o segundo do grupo: — E você?

— Sou Gianduia, e quem me criou foi um marceneiro que imediatamente me vendeu para o titereiro, já faz dez anos. Eu me lembro bem de que era dia 12 de abril.

— Seu pai o abandonou? — perguntou Pinóquio.

— Ai de mim! Foi isso mesmo.

Todos os outros bonecos se entristeceram ao ouvir a história de Gianduia e foram abraçá-lo um por um. Depois disso, prosseguiram com as apresentações.

— Meu nome é Arlequim e nasci em uma marcenaria de luxo no dia 30 de fevereiro de alguns anos atrás.

— Mas isso é impossível! — disse o único boneco que tinha feições femininas.

— Então talvez fosse dia 31 — acrescentou Arlequim. — De fato, não lembro bem.

— Mas é impossível! — retorquiu a outra.

E todos os bonecos começaram a resmungar, alguns sustentando que Arlequim tinha razão, outros achando que estava completamente enganado. Ao último grupo pertencia, obviamente, Polichinelo, e os dois começaram a brigar mais uma vez.

Quando o confronto cessou, Arlequim dirigiu-se àquela que o havia contradito:

— Agora é sua vez de se apresentar, sabichona!

— Eu me chamo Colombina e não me lembro de quem me esculpiu, mas fui confeccionada e vestida por minha mãe há pouco mais de um ano, no dia 9 de junho.

– No mesmo dia que eu! – interrompeu Pinóquio. – Meu pai terminou de entalhar meus pés há alguns dias, exatamente em 9 de junho. Assim que finalizou, não resisti à tentação e lhe dei um chute bem no nariz. Ontem, ele vendeu seu casaco para comprar para mim uma cartilha, que vendi para entrar aqui.

Após dizer isso, o boneco caiu em prantos.

Os outros, vendo o pobre Pinóquio naquela situação, tentaram acalmá-lo e propuseram uma festa.

– Não fique triste! – gritou Polichinelo. – É preciso celebrar esta feliz coincidência: dois de nós fazem aniversário no mesmo dia, um acontecimento raríssimo!

Os outros bonecos, concordando com Polichinelo, colocaram Pinóquio e Colombina sobre os ombros e começaram a girar ao redor cantando e brincando, até que a sabichona, como era de seu feitio, os interrompeu:

– Pensando bem, não é assim tão incomum que dois bonecos façam aniversário no mesmo dia.

– É mesmo? – disse Polichinelo. – Mas se um ano tem 368 dias...

– Tem 365! – precisou Colombina.

– E o que foi que eu falei? De qualquer modo, como eu dizia, se um ano tem 365 dias, precisaríamos ter ao menos a metade desse número para que a probabilidade de que dois aniversários caiam no mesmo dia seja alta.

– E quantos nós somos? – perguntou Arlequim, que não via a hora de dar uns tapas em Polichinelo.

– Somos apenas 26, incluindo Pinóquio – interveio novamente Colombina –, e a questão é exatamente essa. Bastam 23 bonecos para que haja boa probabilidade de que dois façam aniversário no mesmo dia.

Após alguns segundos de silêncio, houve um repentino rumor de alegria, e todos os amigos de Pinóquio voltaram a dançar, cantar e festejar o recém-chegado.

– Mas isso é surpreendente! – gritou Arlequim.

– Para a próxima festa, convidarei mais de 22 amigos, assim poderei apostar que pelo menos dois deles fazem aniversário no mesmo dia. Vou arrasar – acrescentou Pinóquio.

– E eu convidarei 25, assim a probabilidade de que aconteça na minha festa será maior do que na sua – retrucou Arlequim.

– E eu, 12! – emendou o rival. Os números não eram seu forte.

Dito isso, os dois saíram no tapa, como sempre, até que chegou o titereiro, um homenzarrão tão alto quanto feio, com uma barba negra da cor do azeviche, uma boca gigantesca e dois olhos vermelhos como o fogo. Aliás, Manjafogo era seu nome.

Diante daquela visão, todos os bonecos se amontoaram e começaram a tremer feito vara verde. Até mesmo os dois rivais históricos, frente ao pavor de Manjafogo, ficaram unidos e tremularam em sincronia.

– Quem é que veio fazer bagunça no meu teatro? – berrou o titereiro.

– Acredite, ilustríssimo – murmurou Pinóquio –, a culpa não foi minha.

Mas Manjafogo não quis ouvir desculpas:

– Não me importa, acertaremos as contas hoje! Tragam-me esse boneco. O fogo onde está assando meu cordeiro não me satisfaz, e a madeira seca da qual ele é feito dará uma bela chama.

Dito isso, Arlequim e Polichinelo, de início um pouco titubeantes, pegaram Pinóquio e o levaram à presença do gigante titereiro.

– Socorro, papai! Alguém me salve! – berrou o pobre Pinóquio.

Mas ninguém podia ouvi-lo, a não ser seus novos amigos, imobilizados pelo medo.

O CANTO DO GRILO FALANTE

Criado em 1939 pela mente do matemático austríaco Richard von Mises (1883-1953), o aparente paradoxo do aniversário é talvez um dos problemas mais discutidos e conhecidos da teoria da probabilidade. Não se trata de um paradoxo propriamente dito, mas de um simples problema matematicamente solucionável. É apenas por sua natureza anti-intuitiva que, com frequência, ele é colocado entre os paradoxos.

O problema, em sua forma mais difundida, pergunta quantas pessoas são necessárias para que a probabilidade de que duas delas tenham nascido no mesmo dia seja maior do que 50%. Como já afirmado por Colombina na história, o número é 23, incrivelmente baixo em relação a quanto a intuição nos faria pensar. Visto que um ano é composto por 365 dias (por comodidade, vamos excluir os anos bissextos), acreditaríamos que seria prudente apostar na eventualidade de que dois aniversários caiam no mesmo dia somente em presença de pelo menos 183 pessoas, por volta da metade de 365. E não se pode certamente dizer que uma aposta feita nessas bases não seja prudente: em presença de 183 pessoas, a probabilidade de perder é, de fato, de 1 para 4.000.000.000.000.000 (4 quatriliões)!

Se vocês forem convidados para uma festa e forem ao menos 23, podem aproveitar para propor um jogo aos presentes.

Peçam a todos que escrevam num pedaço de papel a data do aniversário de cada um, depois recolham os papeizinhos e os comparem: existe alta probabilidade de que dois convidados façam aniversário no mesmo dia.

O mesmo raciocínio é válido considerando apenas o mês de nascimento e deixando de lado o dia: bastam cinco pessoas para que a probabilidade de que ao menos duas delas comemorem o aniversário no mesmo mês seja superior a 60%. O jogo da festa também pode ser naturalmente adaptado aos signos.

Na vida real, o problema do aniversário é utilizado em âmbito criptográfico para conseguir dimensionar corretamente o comprimento das sequências aleatórias de um conjunto e fazer com que, ao aumentar o número de extrações, a probabilidade de que duas delas sejam idênticas fique abaixo de certo limiar de segurança. O assim chamado "ataque do aniversário" foi utilizado no passado por hackers para invadir sistemas que subestimavam a importância desse problema.

Do ponto de vista matemático, calcular exatamente qual é a probabilidade desse evento não é nada difícil. A solução mais simples, dada por George Gamow (1904-1968), começa calculando a probabilidade de que duas pessoas não façam aniversário no mesmo dia, que é igual a $364/365$. Se acrescentarmos uma pessoa, a probabilidade de que ela não faça aniversário em um dos dois dias nos quais as outras fazem é de $363/365$. Multiplicando os dois valores, obtém-se a probabilidade de que todas três façam aniversário em dias diferentes. Prosseguindo desse modo, se tivermos quatro pessoas, multiplica-se o resultado por $362/365$, e assim por diante. Os valores obtidos representam, um a um, a probabilidade de que nenhuma das

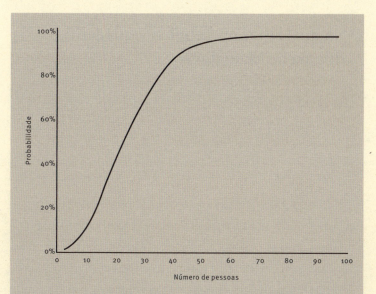

pessoas faça aniversário no mesmo dia que qualquer outra. Quando se chega em 23 pessoas, pela primeira vez a probabilidade fica abaixo de 50%, portanto, o evento oposto ao considerado, ou seja, que haja ao menos duas pessoas nascidas no mesmo dia, é maior do que 50%.

O gráfico mostra a progressão dessa probabilidade à medida que o número de pessoas aumenta. Como se vê, a linha atinge 50% por volta de 23 e se aproxima da certeza (100%) a partir de sessenta pessoas.

A internet pode ser muito útil para testar essa fórmula aparentemente bizarra. Na Wikipédia, por exemplo, há centenas de páginas biográficas de personagens históricos, celebridades, políticos etc. Se por um razoável número de vezes você selecionar 23 dessas páginas e observar a data de nascimento dos biografados, descobrirá que ao menos em metade dos casos duas pessoas da lista nasceram no mesmo dia.

5. No qual se compreende o verdadeiro dilema de Manjafogo

Manjafogo parecia realmente um homem assustador, todavia, no fundo, seu coração era nobre. Quando lhe trouxeram Pinóquio, que se debatia e berrava "Não quero morrer! Não quero morrer!", o titereiro compadeceu-se e espirrou.

Ao ouvir aquele barulho, os outros bonecos se acalmaram. Arlequim, em particular, aproximou-se de Pinóquio e lhe sussurrou:

– Pronto, meu amigo! Manjafogo espirra quando sente compaixão por alguém. Você está salvo!

De fato, é preciso saber que, normalmente, os homens que se apiedam diante de algo ou de alguém choram ou tentam conter as lágrimas. Já Manjafogo, quando era tocado lá no fundo por uma história comovente, dava sonoros espirros.

Isso, porém, não explica o motivo pelo qual o titereiro estava sempre bravo e carrancudo: a causa precisava ser procurada em um dilema profundo que o atazanava havia meses e que Pinóquio, involuntariamente, despertou.

– Muito obrigado, senhor Manjafogo – disse o boneco. – Eu sabia que não podia ser tão severo quanto queria parecer. Jamais o tinha visto, e sinto muito por isso, porque eu teria sido, com prazer, um dos bonecos que dançam e representam em seu espetáculo.

– Você tem razão, meu caro Pinóquio – respondeu Manjafogo. – Meu problema é que nunca consigo entender como fazer para chegar a este vilarejo para apresentar meu espetáculo. Toda semana, vou à estação ferroviária para unir o vagão que transporta os bonecos ao trem que nos levará à cidade onde os exibirei. A cada meia hora, parte da estação um trem em direção ao leste, e, a cada meia hora, parte outro em direção ao oeste. Como sou uma pessoa muito indecisa e, sobretudo, que não gosta de perder tempo, sempre engancho o vagão dos bonecos no primeiro trem que chega, independentemente do destino.

– Então, deveria ir metade das vezes para leste e metade para oeste – disse Pinóquio.

– Era o que eu achava – respondeu Manjafogo desconsolado. – Acontece, porém, que quase sempre acabo indo para o leste, e quase nunca para o oeste. Por isso você nunca tinha me visto antes: foi a primeira vez, depois de muito tempo, que consegui tomar o trem que vai na direção oeste e, portanto, vir para cá.

Os bonecos, que tinham sossegado depois do providencial espirro de Manjafogo, de repente ficaram tristes mais uma vez, tomados pela compaixão que lhes suscitou o titereiro. Todos, exceto a famosa (e, dessa vez, oportuna) Colombina.

– Senhor Manjafogo – disse ela um pouco intimidada –, já experimentou olhar o horário dos trens?

– Não é necessário – respondeu o titereiro –, porque tenho certeza de que para ambas as direções parte um trem a cada meia hora. Nem um a mais, nem um a menos.

– É necessário, sim! – respondeu, determinada, Colombina, emudecendo o titereiro e os bonecos.

– Como pode ter tanta certeza? – perguntou Manjafogo, cada vez mais impaciente. – É melhor que sua soberba não seja maior do que meu apreço pela resposta, ou não terei dúvidas sobre quem colocar no fogo para assar meu cordeiro!

– Não! – opôs-se Pinóquio. – Tudo começou por minha causa, não é justo que outro boneco termine no fogo no meu lugar.

– Não se preocupe comigo, Pinóquio – disse Colombina. Depois, prosseguiu: – A cada meia hora, como disse, parte um trem para o leste. Mas a cada meia hora também parte um para o oeste. O que conta, porém, é saber qual é o intervalo de tempo entre a partida de um e de outro. No caso, o trem para leste parte ao meio-dia, e aquele para oeste parte um minuto depois, o que significa que o próximo trem para o leste partirá meio-dia e meia, enquanto aquele para o oeste, um minuto depois do meio-dia e meia.

Manjafogo levou alguns segundos para entender o que Colombina havia dito, e precisou da ajuda de seus dedos curtos e grossos, mas, no fim, concordou.

– Bem – prosseguiu ela –, isso quer dizer que, para poder viajar em direção ao oeste, é preciso que o senhor esteja na estação exatamente naquele minuto após o meio-dia. Chegando tarde demais, por exemplo, dois minutos depois, teria de esperar e tomaria o trem seguinte, em direção ao leste, que parte ao meio-dia e meia. E assim aconteceria com todos os minutos sucessivos, até 12h29: o trem para o leste será sempre aquele mais cheio.

– Céus! Você tem razão! É exatamente isso! – gritou o titereiro. – Agora me lembro até mesmo dos horários. Obrigado, Colombina!

Dito isso, começou a espirrar de comoção, e os bonecos voltaram ao palco cantando e dançando de felicidade.

O CANTO DO GRILO FALANTE

Como no paradoxo do aniversário, também neste caso a questão é puramente matemática e não contém nenhuma contradição lógica. A versão clássica narra a história de um jovem que adorava encontrar duas amigas que moravam em extremos opostos da cidade. Visto que nunca conseguia decidir qual das duas visitar, deixava a escolha ao acaso: ia para a estação do metrô e tomava o primeiro trem que passava. Como os trens em direção ao leste e aqueles em direção ao oeste tinham a mesma frequência, um a cada trinta minutos, não teria privilegiado ninguém deixando que o acaso escolhesse por ele.

No entanto, o que o jovem não sabia é que o horário de chegada dos trens tinha forte influência sobre a direção que seguiria. De fato, imaginando uma tabela como a seguinte:

PARTIDAS	
TRENS PARA O LESTE	TRENS PARA O OESTE
12h	12h01
12h30	12h31
13h	13h01
13h30	13h31
...	...

fica claro que, para tomar o trem em direção ao oeste, o jovem deveria chegar à estação entre 12h e 12h01, enquanto para ir na direção oposta bastaria chegar em qualquer momento entre 12h01 e 12h30. Naturalmente, o mesmo raciocínio valia para todas as meias horas sucessivas e precedentes. Portanto, o rapaz ia à casa da amiga que morava a leste cerca de 29 vezes em trinta, enquanto a infeliz que vivia a oeste recebia apenas uma visita a cada trinta.

Uma formulação diversa do mesmo problema, conhecida como paradoxo do elevador, utiliza elevadores no lugar dos trens. Dois físicos, o professor Stern e o professor Gamow, trabalham no mesmo edifício de vinte andares, mas em andares diferentes. Mais especificamente, o escritório de Stern fica no 15º andar, enquanto o de Gamow fica no segundo. Todo dia, Stern sai de seu escritório, aperta o botão para chamar o elevador e percebe, desapontado, que na maior parte das vezes o elevador está subindo; portanto, deve esperar que chegue ao último andar antes que volte ao 15º. Gamow, ao contrário, sente-se feliz, porque nota que, com frequência, o elevador que ele chama para ir ao térreo está descendo.

Como no caso do trem, essa formulação do problema também se baseia no tempo que o elevador leva para subir e descer. Imaginemos, para simplificar, que o elevador continue a viajar ininterruptamente entre o térreo e o último andar, e que empregue dez segundos para ir de um andar ao seguinte (incluindo o tempo da parada). Examinemos o caso do professor Stern: partindo do térreo, o elevador levará 150 segundos para chegar ao 15º; depois, outros cinquenta para chegar ao vigésimo; depois, mais cinquenta para voltar ao 15º; e novamente 150 para retornar ao térreo. Mais especificamente, o elevador estará por cem segundos em um andar superior ao 15º e por trezentos segundos em um andar inferior. Para o professor Stern, será, portanto, mais provável chamar o elevador quando estiver abaixo do 15º andar (e, por conseguinte, que esteja subindo).

A situação do professor Gamow, por outro lado, é diferente: no seu caso, o elevador estará por quarenta segundos abaixo do segundo andar e por bons 360 acima dele. Dessa vez, por-

No qual se compreende o verdadeiro dilema de Manjafogo 51

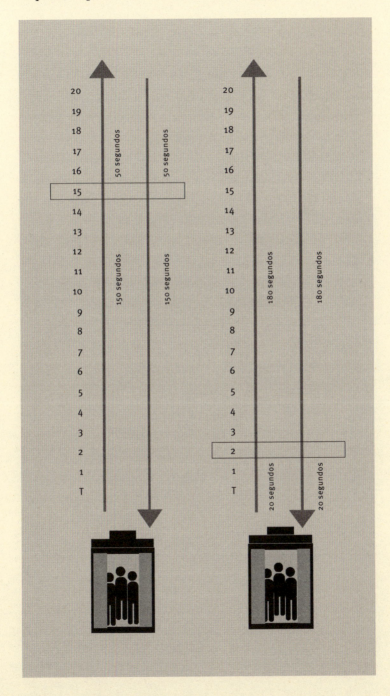

tanto, a probabilidade de que o elevador esteja descendo é muito mais alta do que a de que esteja subindo.

O paradoxo do elevador foi proposto pelos físicos George Gamow e Marvin Stern (1935-1974), que, de fato, trabalhavam no mesmo edifício – um, num andar baixo, outro, num alto.

Seria possível pensar que a situação proposta permaneceria invariável com o aumento do número de elevadores, mas não é assim que acontece. Em 1969, um jovem pesquisador, Donald E. Knuth, demonstrou que no caso de uma quantidade maior de elevadores a probabilidade de que o primeiro a chegar esteja subindo tende a 50%, assim como a probabilidade de que esteja descendo. Essa diferença pode ser facilmente verificada imaginando os elevadores como carros em um circuito e a espera em cada andar como um observador em uma posição descentralizada (o olho na imagem a seguir).

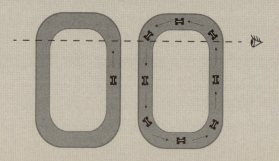

Quando um único carro percorre o circuito, um observador na posição indicada terá maior possibilidade de vê-lo subindo que descendo. No entanto, se houver muitos carros (ou, no limite, se eles formarem uma longa fila contínua que se move como uma cobra), a probabilidade de ver um carro descer é a mesma de ver um carro subir. Com os elevadores é a mesma coisa: se houver mais de vinte disponíveis, a probabilidade não fica muito longe de 50%.

6. Pinóquio e Colombina são libertados por Manjafogo

No DIA SEGUINTE, Manjafogo chamou Pinóquio e Colombina para agradecer-lhes.

– Se não fosse você – disse a Pinóquio –, jamais teria reunido a coragem de me dirigir a vocês, bonecos, para resolver meus problemas. Como se chama seu pai?

– Geppetto! – apressou-se a responder Pinóquio.

– E qual é a profissão dele?

– Pobre.

– Não ganha muito?

– O mínimo indispensável para nunca ter um tostão no bolso. Imagine que teve de vender o casaco para comprar uma cartilha para mim.

Manjafogo, ao ouvir a história do pobre Pinóquio, começou novamente a espirrar de compaixão pelo boneco.

– Fique com estas cinco moedas – disse – e dê todas elas a seu pai por mim.

Pinóquio aproximou-se do titereiro e, subindo por sua barba cerrada como um escalador experiente, estalou um beijo na ponta de seu nariz.

Depois Manjafogo dirigiu-se a Colombina:

– Obrigado a você também, minha cara. Sem a ajuda de seu engenho, jamais teria resolvido o problema que me atazanava havia tanto tempo. Decidi, portanto, deixá-la ir embora: você pode sair pelo mundo e fazer o que mais gosta.

Assim que o titereiro pronunciou essas palavras, Colombina também lhe deu um beijo no nariz e acrescentou:

– Dada sua gentileza, se há algo que ainda possa fazer antes de partir, ficarei contente de ser-lhe útil mais uma vez.

– De fato, tem uma coisa – continuou Manjafogo. – Como nem sempre tenho tempo de construir pessoalmente meus bonecos, costumo recorrer a uma oficina que os tem às centenas. Há bonecos brancos, pretos, amarelos, altos, baixos, magros e gordos. São tantos e tão bonitos que tenho dificuldade de escolher. Então, dirijo-me ao afável vendedor e peço que escolha quatro ao acaso, sem que me mostre; quando chego em casa, tenho o prazer de desembrulhá-los.

Dito isso, interrompeu-se um instante para dar um fortíssimo espirro, que sacudiu os dois bonecos. Depois, retomou:

– Toda vez, é uma verdadeira alegria para mim.

– E o que eu poderia fazer pelo senhor? – interpôs-se Colombina.

– Você poderia responder a uma pergunta que diz respeito às características dos bonecos. O dono da oficina me disse que em sua loja, normalmente, metade são bonecos e metade são bonecas. Eu esperaria, portanto, que os quatro bonecos, embalados com tanto capricho e desembrulhados como um presente muito aguardado por uma criança, fossem dois bonequinhos e duas bonequinhas. No entanto, na maior parte dos casos, ou pelo menos assim me parece, são um boneco e três bonecas ou uma boneca e três bonecos. É uma coisa estranha, não?

– Poderia parecer assim – começou a explicar, sem hesitação, Colombina –, aliás, é assim mesmo, contanto que se diferenciem os casos em que o senhor encontra três bonecos e uma boneca ou três bonecas e um boneco. Se, no entanto, o senhor não faz nenhuma distinção entre essas duas possibilidades, a dupla de dois bonecos e duas bonecas não é, na verdade, a mais provável.

Manjafogo, porém, não entendeu muito bem o que Colombina estava tentando explicar, tanto que rebateu:

– Muito obrigado, Colombina. Queria, acima de tudo, entender se o negociante está me enganando. Se você me diz que não é isso, já é suficiente para mim.

E, dizendo isso, abraçou os dois bonecos. Por fim, procurando se recompor, gritou para eles:

– Vão logo embora, antes que eu mude de ideia!

Pinóquio e Colombina, como se pode imaginar, abraçaram os outros bonecos e se despediram deles, depois saíram correndo da carroça de Manjafogo.

O CANTO DO GRILO FALANTE

O paradoxo que acaba de ser descrito, em geral utilizado para descrever a probabilidade da distribuição do sexo de quatro filhos de um casal, deixa sempre desconcertado quem depara com ele.

De fato, dada uma distribuição de probabilidade do tipo um para um (por exemplo, quando se joga uma moeda), é estranho pensar que, ao aumentar o número de lançamentos, o resultado mais provável não seja uma situação equilibrada.

Para determinar exatamente como se distribui a probabilidade, basta preencher uma tabela com todos os dezesseis casos possíveis, na qual com H indicamos homem e com M, mulher.

HHHH – 4-0	HHHM – 3-1	HHMH – 3-1	HHMM – 2-2
MHHH – 3-1	HMHM – 2-2	HMMH – 2-2	HMMM – 3-1
MHHH – 3-1	MHHM – 2-2	MHMH – 2-2	MHMM – 3-1
MMHH – 2-2	MMHM – 3-1	MMMH – 3-1	MMMM – 4-0

Como se observa, o caso 4-0, que corresponde a ter todos os filhos do mesmo sexo, é o menos provável, visto que se verifica apenas duas vezes em dezesseis, ou seja, tem uma probabilidade de $2/16 = 1/8$. O caso 2-2, no qual os filhos são dois homens e duas mulheres, apresenta seis ocorrências, portanto, tem probabilidade igual a $6/16 = 3/8$. A situação 3-1, na qual os filhos são três de um sexo e apenas um do outro, verifica-se oito vezes e, consequentemente, representa o caso mais recorrente, com uma probabilidade de $8/16 = 1/2$.

Sem que haja necessidade de aguardar que se engravide quatro vezes, o experimento pode ser repetido utilizando uma moeda comum: basta lançá-la quatro vezes e anotar o número de caras e coroas obtidas. Ao aumentar o número de lançamentos, ficará claro que a distribuição mais provável é a 3-1.

Outro exemplo de como a probabilidade, às vezes, pode nos pregar uma peça quando se fala de distribuição pode ser verificado nas cartas do baralho. Pegando ao acaso treze cartas de um baralho normal de 52, seria de esperar que a distribuição dos quatro naipes fosse do tipo 4-3-3-3. Na verdade, esse caso aparece muito menos do que o esperado, enquanto a situação mais frequente é 4-4-3-2.

É preciso destacar que, nos casos acima descritos, considera-se sempre a simples distribuição, sem distinguir a qual dos gêneros específicos se refere: três homens e uma mulher ou três mulheres e um homem, no primeiro exemplo. Levando em conta isso, a tabela ficaria assim:

HHHH	HHHM	HHMH	HHMM
4H-0M	3H-1M	3H-1M	2H-2M
HMHH	HMHM	HMMH	HMMM
3H-1M	2H-2M	2H-2M	1H-3M
MHHH	MHHM	MHMH	MHMM
3H-1M	2H-2M	2H-2M	1H-3M
MMHH	MMHM	MMMH	MMMM
2H-2M	1H-3M	1H-3M	0H-4M

E, consequentemente, as probabilidades dos diversos casos são:

| 4H-0M | 3H-1M | 2H-2M | 1H-3M | 0H-4M |
| $1/16$ | $4/16$ | $6/16$ | $4/16$ | $1/16$ |

A situação mais equilibrada se torna, assim, a mais frequente.

7. Pinóquio encontra o Gato e a Raposa e entende que jamais ficará rico sem eles

Assim que tomaram a estrada, Pinóquio e Colombina se despediram com a promessa de reencontrar-se em breve.

– Aonde você vai agora? – perguntou Pinóquio.

– Não sei, mas qualquer lugar será mais convidativo que o teatro de marionetes de Manjafogo – respondeu Colombina, que, depois, continuou: – No entanto, sei que, de vez em quando, vou sentir falta dos meus amigos.

Os dois se abraçaram pela última vez, e Pinóquio tomou o rumo da casa de seu pai. Porém, mal tinha virado a esquina quando encontrou uma Raposa manca de um pé e um Gato cego dos dois olhos que caminhavam juntos na mesma direção que ele. A Raposa manca se apoiava no Gato, enquanto ele, cego, era guiado por ela.

– Bom dia, Pinóquio! – cumprimentou-o a Raposa.

– Bom dia! Mas como a senhora sabe meu nome? – perguntou o boneco.

– Conheço seu pai. Eu o vi ontem em mangas de camisa, tremia de frio!

– Eu sei, e é tudo culpa minha. Mas a partir de hoje ele não vai mais tremer.

– Por quê?

– Porque, graças às cinco moedas de ouro que Manjafogo doou para mim, poderei comprar de volta o casaco que meu pai vendeu para me ajudar – respondeu Pinóquio mostrando as moedas que fazia tilintar com orgulho.

Naquele momento, a Raposa esticou a pata que parecia atrofiada e, com um sobressalto, o Gato abriu os olhos pelos quais parecia não enxergar mais. Depois, porém, ambos se recompuseram, tanto é que Pinóquio nem percebeu nada.

– Depois de dar esse presente a meu pai – prosseguiu o boneco –, quero comprar uma nova cartilha para mim.

– Para você? – interrompeu-o a Raposa.

– Sim, porque quero ir à escola, estudar e me tornar rico como um nobre senhor.

– Olhe para mim – disse a Raposa. – Pela tola paixão pelos estudos, perdi uma perna.

– Olhe para mim – disse o Gato. – Pela tola paixão pelos estudos, perdi a visão.

– Você jamais ficará rico com cinco moedas – continuou a Raposa –, e, para convencê-lo, contarei a você uma historinha. Um pobre mendigo estava sentado na calçada pedindo esmola. Um passante parou para lhe dar uma moeda e lhe perguntou: "O que você vai fazer com esta moeda?" O pobre homem respondeu: "Espero poder receber um número suficiente de moedas para me tornar rico." O senhor, porém, o fez entender que seu sonho era irrealizável. "Um homem com uma moeda apenas não é rico", disse-lhe, "nem mesmo quando recebe outra. Na prática, um pobre com uma moeda a mais permanece pobre. Aplicando esse procedimento, é fácil concluir que um mendigo não poderá jamais se tornar rico." E, dizendo isso, foi embora.

O boneco tinha escutado com muita atenção a história da Raposa e, quando ela terminou a narrativa, perguntou:

– Quer dizer que jamais poderei me tornar um nobre senhor?

– Claro que poderá, meu caro Pinóquio – replicou a Raposa –, mas não com trabalho e estudo. Em vez de voltar para a casa de seu pai, você deveria nos seguir.

– Até onde?

– O País dos Bobocas.

– Mas meu pai me espera em casa e deve estar preocupado.

– Como quiser, meu caro – respondeu a Raposa. – Suas cinco moedas, a esta hora, já teriam se transformado em 2 mil.

– Duas mil? Como?

– Já lhe explico. Você deve saber que no País dos Bobocas há um lugar sagrado chamado Campo dos Milagres. Basta ir até lá, fazer um pequeno buraco e plantar, uma por uma, suas cinco moedas. Depois você vai dormir e espera um novo dia. Durante a noite, cada moeda germina e floresce, assim, na manhã seguinte, você dá de cara com uma árvore repleta de moedas.

– E quantas moedas eu encontraria pela manhã se plantasse minhas cinco nesse campo?

– Levando em conta que cada árvore produziria ao menos quinhentas moedas e multiplicando quinhentas por cinco, você teria umas 2.500 moedas – explicou a Raposa.

– Que coisa boa! – festejou Pinóquio. – Assim que as tiver colhido, ficarei com 2 mil e darei quinhentas a vocês dois, pela gentileza de me contar sobre o Campo dos Milagres.

– Um presente para a gente? – disse a Raposa, ofendida. – Não somos vis ladrões de moedas, trabalhamos unicamente para o bem-estar dos outros.

"Que pessoas do bem!", pensou Pinóquio. E, esquecendo-se de seu pai, da cartilha e dos bons propósitos, acompanhou o Gato e a Raposa em direção ao País dos Bobocas.

O CANTO DO GRILO FALANTE

A história do mendigo, narrada pela Raposa a Pinóquio, tem suas raízes na Grécia antiga. A formulação original, conhecida como paradoxo sorites, do termo grego *sóros*, que significa "monte" (grande quantidade), foi enunciada por Zenão no século V a.C.: se um grão de alpiste não faz barulho quando cai, do mesmo modo não pode fazer barulho um monte de tais grãos.

No século seguinte, Eubulides de Mileto, que pertencia à escola megárica, formalizou melhor o problema concentrando-se na definição de monte. De fato, ele considerava erradas as conclusões de Zenão; aceitava a ideia de que, até certo ponto, existia uma quantidade de alpiste que não fazia barulho ao cair, mas sustentava que, acrescentando um grão a essa quantidade, podia ser percebida uma vibração acústica. Trata-se de um problema análogo àquele da famosa gota que faz transbordar o copo: Zenão teria dito que uma única gota não poderia jamais fazer transbordar um copo, enquanto a experiência nos diz que não é bem assim.

A questão deslocou-se, portanto, para o significado das palavras, mais do que para a evidência empírica: quanto vale um monte? Quando uma pessoa pode se considerar rica? Ou alta? Ou magra?

Uma das soluções possíveis consiste em colocar um limite arbitrário ao valor tomado em consideração. Sob essa ótica, poderíamos dizer que um monte é um monte quando composto por pelo menos 100 mil grãos, ou que uma pessoa é rica se possui ao menos quinhentas moedas de ouro. Todavia, os problemas práticos e filosóficos permanecem: podemos realmente sustentar que, se tirarmos um grão de um monte de 100 mil, aquilo que fica não é mais um monte?

Alguns séculos depois, mais precisamente em 1969, James Cargile formulou uma nova versão do paradoxo: imaginemos uma banheira cheia de água onde um girino nada e posicionemos uma câmera de modo que enquadre continuamente toda a água, filmando até que o girino tenha se tornado uma rã. Assistindo ao vídeo em câmera lenta, esperamos encontrar, entre os milhares de fotogramas registrados, um no qual se vê ainda o girino, seguido, imediatamente, por um em que se vê uma rã. Existe realmente esse fotograma? Como encontrá-lo?

Uma possível abordagem, proposta por Cargile em seu artigo de 1969, consiste em atribuir um valor de "girinidade" a cada um dos fotogramas do vídeo. No primeiro, a criatura será 100% um girino. Sucessivamente, esse percentual diminuirá até atingir zero, quando a transformação em rã estará completa. Todavia, o próprio autor encontra-se na situação incômoda de ter de admitir a existência de um fotograma em que há ao menos um pequeno percentual de "girinidade", seguido por um no qual esse percentual desaparece completamente. O que nos leva ao problema precedente: como podemos encontrar esse fotograma?

Se Zenão tivesse uma câmera, teria respondido com o seguinte raciocínio: entre um fotograma e o seguinte poderíamos inserir milhões de outros fotogramas, e assim por diante entre qualquer dupla consecutiva. O fotograma no qual o girino se torna rã se perderia, assim, nos infinitos possíveis fotogramas que, a cada etapa, poderíamos decidir inserir.

8. Pinóquio cai nas mãos dos assassinos, mas é salvo por uma Fada

DEPOIS DE UMA caminhada de diversos quilômetros, Pinóquio e os dois companheiros chegaram a um vilarejo de nome sugestivo: Pegatolos.

– Que nome estranho – disse o boneco aos companheiros de viagem.

Naquele vilarejo, viviam animais insólitos: podiam-se entrever ovelhas e carneiros sem o manto a tremer de frio, borboletas sem asas porque as tinham vendido, galos sem voz que pediam um grão de milho de esmola. De vez em quando, viam-se luxuosas carroças, puxadas por cavalos encantadores, que levavam, sabe-se lá para onde, raposas, corvos e outros pássaros de rapina.

– ... e que lugar estranho – acrescentou Pinóquio pouco depois. – O Campo dos Milagres ainda está longe?

– Não, estamos quase chegando – respondeu a Raposa.

Vários quilômetros e muitas horas depois, chegaram finalmente a um campo que, olhando bem, parecia com qualquer outro.

– Pronto, este é o lugar onde você deve plantar suas moedas – disse a Raposa, indicando o ponto exato, aos pés de um carvalho.

– Vou logo colocar mãos à obra – respondeu Pinóquio.

– Não, meu caro, você não pode enterrar agora seu dinheiro: terá de fazê-lo à noite, quando o sol tiver se posto.

— Então vou esperar aqui que escureça, depois soterrarei minhas moedas e ficarei observando a noite toda, até que as plantas comecem a brotar.

— Você não pode ficar olhando para elas, ou não crescerão, assim como a água não ferve quando a ficamos observando no fogo. Sugiro que você tenha uma boa noite de sono, e, pela manhã, encontrará todas as moedas de ouro prometidas.

— Puxa, como é difícil este Campo dos Milagres. Tudo bem, vou esperar a meia-noite, plantar as moedas e ir embora — disse, por fim, Pinóquio.

— Bom menino — replicou a Raposa, e se distanciou com seu amigo Gato.

O boneco sentou-se ao lado do carvalho e colocou as cinco moedas na boca, para evitar que, durante a espera, alguém as pegasse sem que ele percebesse. Feito isso, adormeceu sentado mesmo, recuperando-se um pouco depois da longa caminhada para chegar ao campo.

Durante a soneca, Pinóquio sonhou que plantava as moedas e colhia centenas, milhares, dezenas de milhares, até não saber mais onde colocá-las, para levar ao pai. À meia-noite em ponto, porém, o sonho foi interrompido pelo barulho de passos.

— Quem é? — gritou o boneco.

De repente, surgiram diante de Pinóquio dois tipos suspeitos com o rosto coberto. Um deles mancava, enquanto o outro tinha na mão uma faca que, só de olhar, dava realmente medo.

— A bolsa ou a vida — gritou o da faca. — Somos assassinos!

O boneco, por causa das moedas que tinha na boca, não respondeu, mas tentou dar a entender que, sendo um simples boneco de madeira, não tinha nem dinheiro nem bens.

— Mostre o dinheiro ou você está morto! — continuou o assassino.

– Vamos matar primeiro você e depois seu pai! – acrescentou o outro.

– Não, meu pai, não! – respondeu finalmente Pinóquio. Mas, com a frase, as moedas que estavam debaixo de sua língua tilintaram na boca.

– Ah, malandro! Então você escondeu suas moedas de ouro debaixo da língua!

Dito isso, o assassino manco agarrou o boneco, enquanto o outro, com a faca, tentava abrir sua boca. Pinóquio, porém, era feito de uma madeira tão dura que quebrou a faca; assim, o assassino ficou apenas com o cabo. Aproveitando a ocasião, o boneco lhe mordeu a mão e a arrancou inteirinha. Imaginem seu espanto quando, ao cuspi-la, descobriu que parecia a patinha de um gato.

Encorajado por essa vitória, Pinóquio se libertou e começou a correr por quilômetros e quilômetros, e os dois trapaceiros puseram-se a persegui-lo.

De repente surgiu no horizonte uma casinha branca. O boneco foi até a porta e começou a bater ansiosamente, mas os dois assassinos o alcançaram e, agarrando-o como um salame, penduraram-no pelo pescoço numa árvore ali ao lado.

– Cedo ou tarde você vai acabar abrindo essa maldita boca!

Enquanto os dois tipos suspeitos aguardavam que Pinóquio fosse vencido pelo cansaço, aproximou-se deles uma menina tão cândida e bonita que parecia uma Fada.

– Libertem-no! – disse a Fada.

– E por que o faríamos? – respondeu o assassino manco.

– Porque eu estou mandando.

Naquele momento, uma leve brisa fez Pinóquio balançar, tornando o clima ainda mais surreal.

— Vou lhe dar uma possibilidade de salvar o boneco – propôs o malfeitor. – Diga o que faremos com ele: se for capaz de adivinhar, nós o libertaremos; se errar, nós o mataremos aqui mesmo, na sua frente.

— Vocês vão matar Pinóquio – disse a Fada, sem hesitar um instante sequer.

— E é isso mesmo que vamos fazer! – respondeu o assassino, morrendo de rir.

— Se o fizerem – interrompeu-o a Fada –, não estarão cumprindo sua promessa, porque farão exatamente o que eu disse que fariam.

— Não é assim que eu vejo – respondeu o assassino. – Não podemos libertar Pinóquio. Se o fizéssemos, você não teria adivinhado seu destino, quando disse que morreria. E eu sempre mantenho minhas promessas.

A Fada se concentrou por um momento, e, depois de um instante, chegou um Falcão que, com um movimento rapidíssimo, cortou com o bico a corda que amarrava Pinóquio. O boneco caiu no chão enquanto os dois assassinos, devastados por aquele evento tão inesperado, decidiram bater em retirada.

— Aquele boneco ali – disse o Falcão – é um travesso de marca maior!

Depois pegou Pinóquio e o levou até a casinha branca, onde o boneco foi vigiado e acolhido numa cama quente até acordar.

— O que aconteceu com você, Pinóquio? – perguntou-lhe gentilmente a Fada.

O boneco contou-lhe toda a história e, no fim, ela lhe perguntou:

— Onde você colocou as moedas agora?

— Eu as perdi! – respondeu Pinóquio. Mas era mentira: ele as tinha escondido no bolso.

Imediatamente, o nariz do boneco, que já era comprido, cresceu pelo menos dois dedos.

– E onde você as perdeu?

– No bosque aqui perto.

Diante dessa nova mentira, o nariz cresceu ainda mais. Depois da segunda, vieram uma terceira, uma quarta e também uma quinta, até que o nariz ficou tão comprido que Pinóquio não podia mais se virar sem que ele batesse em todos os cantos do quarto.

A Fada olhava para ele e ria.

– Do que a senhora está rindo?

– Das mentiras que você contou.

– E como pode saber que são mentiras?

– Veja, meu querido Pinóquio, as mentiras são de duas espécies: há aquelas que têm as pernas curtas e aquelas que têm o nariz comprido. As suas são, com certeza, do tipo com o nariz comprido.

– Não quero um nariz tão comprido! – gritou Pinóquio. – Quero que se torne imediatamente mais curto.

– Não é assim tão simples – respondeu a Fada.

– Então vou usar o mesmo truque que a senhora usou. Eu a escutei enquanto falava com os assassinos.

– Que truque?

– Vou tentar agora: meu nariz está diminuindo!

Com isso, porém, o nariz de Pinóquio cresceu ainda mais.

– Não é justo! – berrou o boneco. – O nariz deveria ter encolhido, já que, se isso tivesse acontecido, eu teria dito a verdade.

– Mas seu nariz não encurta se você diz a verdade, ele aumenta se você conta mentiras.

– Eu não disse uma mentira!

– Disse, sim. Você disse que seu nariz estava diminuindo, enquanto estava acontecendo o oposto: foi uma mentira das boas! – concluiu a Fada, sorrindo.

Pinóquio ficou tão humilhado que tentou fugir. No entanto, devido ao comprimento do nariz, não conseguiu nem passar pela porta, e teve de desistir.

O CANTO DO GRILO FALANTE

No momento em que Pinóquio está pendurado na árvore, os assassinos, levados, talvez, por um gesto de cavalheirismo, decidem dar à Fada uma oportunidade de salvá-lo. Todavia, fazem isso utilizando uma frase que fala de si mesma, e, como vimos, essa situação pode criar paradoxos lógicos. De fato, Fada e assassinos não estão de acordo sobre o destino de Pinóquio. Mas quem tem razão?

O raciocínio da Fada é o seguinte: poderei salvar Pinóquio se disser exatamente o que os dois malandros farão com ele; como eles querem matá-lo, afirmando que o boneco vai morrer respondo corretamente à pergunta, e, portanto, eles terão de soltá-lo.

Do ponto de vista dos assassinos, porém, a questão pode ser interpretada de outro modo: a Fada disse que Pinóquio será morto; se o soltarmos, ela terá errado o prognóstico; portanto, o certo é que Pinóquio morra.

Infelizmente, a solução, tão simples quanto paradoxal, é que não existe uma solução. Em ambos os casos, chega-se a uma contradição, que impede os dois lados de sair do impasse. É interessante notar que, se a Fada tivesse respondido "Vocês vão deixar Pinóquio ir embora", os dois assassinos teriam podido escolher o destino de Pinóquio como bem quisessem. Se o tivessem matado, a Fada teria errado a previsão, portanto, o assassinato do boneco teria sido a consequência lógica; se, por outro lado, tivessem-no libertado, o prognóstico teria sido correto, consequentemente, os assassinos deveriam liberar Pinóquio.

A versão original desse problema, enunciada pelo filósofo grego Diógenes Laércio no século III d.C., recebe o nome de dilema do crocodilo. Os protagonistas são a mãe, uma criança e um crocodilo, que fazem o papel, respectivamente, da Fada, de Pinóquio e dos assassinos. Interessante é o final, muito pessoal, escrito por Lewis Carroll (1832-1898) em *Symbolic Logic Part II* (publicado postumamente em 1977) a propósito desse paradoxo: como o crocodilo não poderá, de qualquer modo, salvar sua honra, porque, independentemente de como decida agir, não poderá manter a palavra dada, optará pela solução que mais lhe convém, ou seja, comer a criança.

O segundo paradoxo citado na história, quando Pinóquio procura imitar a resposta da Fada para encurtar seu nariz, é, na verdade, uma revisitação do dilema do crocodilo. O objeto da contenda é o nariz, enquanto a ação é a variação de seu comprimento. Para replicar de modo correto o paradoxo, Pinóquio deveria ter dito "Meu nariz está crescendo", mas, em sua ingenuidade de boneco, confunde-se e diz exatamente o contrário: "Meu nariz está diminuindo." Como já dissemos, nesse caso a afirmação é verdadeira tanto com o nariz crescendo quanto com o nariz diminuindo. Entretanto, a Fada foi clara: como o nariz aumenta se Pinóquio diz uma mentira, mas não diminui se ele diz a verdade, optou, portanto, pela única escolha correta, aquela de aumentar.

9. Pinóquio descobre que o mundo é pequeno e planta suas moedas no Campo dos Milagres

A FADA DEIXOU Pinóquio gritar e chorar um pouco, depois fez um gesto com a cabeça e bateu duas vezes as mãos. Num piscar de olhos, chegaram milhares de pássaros chamados Pica-paus e começaram a bicar o nariz do boneco decidida e minuciosamente até fazê-lo voltar à dimensão natural.

– Obrigado, minha Fada – disse Pinóquio. – Gosto tanto da senhora!

– Também gosto muito de você – respondeu a Fada –, e, se quiser, poderá ficar aqui comigo: seremos como irmãozinho e irmãzinha.

– Eu adoraria, mas tenho que voltar para meu pai, que está sozinho e preocupado comigo.

– Já me encarreguei de avisá-lo, e ele deve estar chegando agora mesmo.

– Verdade, Fadinha? – gritou de alegria o boneco. – Então, minha Fadinha, quero correr até ele para poder abraçá-lo.

– Pode ir, Pinóquio, mas tome cuidado para não se perder. Siga o caminho do bosque: você o encontrará com certeza.

Depois de ter se despedido da Fada, o boneco saiu correndo em direção ao bosque. A certa altura, porém, veio a seu encontro outro boneco.

– Pinóquio!

Pinóquio se virou e, com grande surpresa, deu de cara com a amiga Colombina, da qual tinha se despedido no dia anterior.

– Minha querida Colombina! Você encontrou o caminho a seguir?

– Acabei de encontrar uma nova mãe e agora estou indo para a casa dela.

– Também estou voltando para meu pai, não vejo a hora de abraçá-lo novamente.

– Então, boa sorte, Pinóquio! Espero que nossos caminhos possam se cruzar outras vezes.

– Boa sorte para você também!

E os dois bonecos prosseguiram, cada um por seu caminho. Depois de menos de um quilômetro, Pinóquio escutou vozes que lhe eram seguramente familiares. Parou e, maravilhado, encontrou-se mais uma vez diante do Gato e da Raposa.

– Meu caro Pinóquio! – gritou-lhe a Raposa abraçando-o. – Que coincidência encontrá-lo.

– É mesmo! – respondeu o boneco. – Nunca, jamais teria imaginado encontrá-los por aqui.

– Não é, afinal, tão estranho assim. O mundo é menor do que você pensa, sabe? Imagine que uma hora atrás encontrei o Corvo Ladrão, que fazia um tempão que eu não via. E, logo depois, veio parar na minha frente o Lobo, companheiro de aventuras de outros tempos.

– Que agradáveis coincidências. É sempre bom encontrar os amigos. Imaginem que eu, por outro lado, encontrei, na noite passada, minha irmãzinha. É uma Fada, sabiam? E há poucos minutos revi a Colombina, que, assim como eu, foi libertada pelo titereiro Manjafogo.

– Que bela história! E agora, aonde você está indo?

– Estou indo encontrar meu pai, que está vindo para cá para viver comigo e com minha nova irmãzinha.

– Você se tornou um nobre senhor, então! Graças ao Campo dos Milagres?

– Ainda não. É uma longa história. Imaginem que na noite passada caí nas mãos de uns assassinos.

– Que infames! – disse a Raposa.

– Infamíssimos! – acrescentou o Gato.

– Por sorte, consegui fugir, mas depois eles me alcançaram e tentaram me enforcar no galho de uma árvore.

– Em que mundo triste vivemos! E suas moedas de ouro?

– Estão aqui no meu bolso, por sorte os assassinos não conseguiram roubá-las de mim.

– É uma sorte, sabe, porque hoje é o último dia útil para plantar as moedas no Campo.

– É mesmo? – espantou-se Pinóquio.

– Infelizmente, sim. O campo foi comprado por um senhorzinho que a partir de amanhã não permitirá que mais ninguém plante moedas. Quer ficar com todas para ele.

– Que pessoa horrível. Como já está anoitecendo, vou agora mesmo plantar as moedas. Querem me acompanhar?

– Com grande prazer.

Assim, o boneco e os dois carrascos voltaram mais uma vez ao Campo dos Milagres. O sol já tinha se posto.

– Pronto, você pode colocá-las aqui – disse a Raposa, indicando um ponto do terreno. – Cave um pequeno buraco e enfie as moedas de ouro.

Pinóquio executou a tarefa: cavou o buraco, colocou dentro as moedas e as cobriu com um pouco de terra.

– Muito bem, boneco! – disse a Raposa dando um tapinha nas costas de Pinóquio. – Agora basta esperar que as plantas nasçam. Mas lembre-se: você não pode ficar aqui, ou não crescerá nada.

– Sim, eu me lembro dessa coisa estranha. Vou dar uma volta e amanhã serei rico!

– Você nem precisa esperar até amanhã de manhã. Volte daqui a meia hora e verá que as plantas já estarão grandes e viçosas, além de repletas de moedas de ouro.

O boneco, feliz da vida, agradeceu ao Gato e à Raposa e se afastou saltitando.

O CANTO DO GRILO FALANTE

Muitas vezes ficamos surpresos com as coincidências que acontecem em nossa vida, sobretudo quando a conclusão é: "Que mundo pequeno!" Embora a frase seja frequentemente utilizada como um provérbio ou considerada uma espécie de paradoxo, teve gente que levou o argumento a sério e conduziu um estudo sobre os "graus de separação", ou seja, o número de relações necessárias para chegar de uma pessoa qualquer no planeta a outra pessoa qualquer. Em 1967, o psicólogo norte-americano Stanley Milgram (1933-1984) fez o seguinte experimento. Selecionou um grupo de cidadãos em Nebraska e no Kansas e entregou a eles uma carta endereçada a um desconhecido que vivia do outro lado do país. Os participantes do projeto deveriam enviar a carta a um conhecido que tivesse alguma chance de conhecer o destinatário final. O resultado foi que as cartas chegaram a seu destino através de um número de passagens variável entre quatro e seis.

Antes do experimento, pediu-se aos participantes que estimassem o número de passagens que julgavam necessárias até que a carta chegasse a seu destino. A maior parte respondeu que seriam mais de cem.

Se, por um lado, o resultado pode ser considerado revolucionário para os estudos sobre as redes sociais da época, imaginem que quase sessenta anos antes, em 1909, Guglielmo Marconi (1874-1937) abordou o tema estimando que seriam exatamente cinco as passagens necessárias, após a invenção do telégrafo, para que uma comunicação, partindo de uma pessoa qualquer do planeta, chegasse a qualquer outra.

Na verdade, o experimento de Milgram se baseava em dois pressupostos que falseavam significativamente os resultados. Primeiro, os cidadãos escolhidos pertenciam a uma única nação, os Estados Unidos, fator que abaixava consideravelmente o valor real do número de graus de separação em nível mundial. Depois, os participantes do experimento escolhiam, a cada vez, a quem enviar a carta, sem saber se essa pessoa era, efetivamente, a mais próxima do destinatário final.

Em tempos mais recentes, em 2001, por meio da difusão da internet, novos estudos repetiram o experimento utilizando o e-mail, confirmando a teoria dos cinco intermediários e, portanto, do seis como número de graus de separação. No entanto, também nesse caso não era possível saber se o caminho percorrido era, de fato, o mais breve possível.

O primeiro a conseguir remediar esse problema foi o analista Lars Backstrom, funcionário do Facebook: o banco de dados da rede social mais famosa do mundo contém mais de 800 milhões de usuários, 65 bilhões de relações e cobre 10% da população mundial.

Graças à parceria com três pesquisadores da Università degli Studi de Milão, Sebastiano Vigna, Paolo Boldi e Marco Rosa, e com Johan Ugander, colaborador do Facebook, Backstrom analisou a enorme massa de dados que tinha à disposição e descobriu que no célebre site o número médio de pessoas necessárias para chegar de um usuário qualquer a outro é menor do que quatro: mais precisamente, 3,74.

Além de ter relevância do ponto de vista científico, esses dados mostram como é possível que fofocas e notícias consigam espalhar-se tão rapidamente, ainda que apenas pelo boca a boca.

10. Pinóquio descobre a trapaça do Gato e da Raposa, vai ao Juiz e termina na prisão

Depois de meia hora, cheio de si como havia muito não se sentia, Pinóquio voltou ao Campo dos Milagres. Antes mesmo de chegar, tentou forçar os olhos para vislumbrar no horizonte as árvores carregadas de moedas, mas não enxergou nenhuma.

Percorreu mais cem metros, e nada. Nesse meio-tempo, fantasiava sobre quão rico estaria. "E se, em vez de 2 mil moedas, eu encontrasse 5 mil? E se, no lugar de 5 mil, houvesse 100 mil? Que vida de nobre senhor eu teria", pensava enquanto se aproximava do local onde tinha enterrado as cinco moedas de ouro.

Assim que chegou, nada: não havia nenhum vestígio nem das árvores nem das moedas.

Entretanto, ouviu uma risada por cima de sua cabeça. Voltou-se e viu um Papagaio pousado numa árvore próxima, que ria em sua direção.

– Por que você está rindo? – perguntou Pinóquio ao pássaro.

– Estou rindo dos ingênuos que acreditam em tudo o que lhes dizem.

– Está falando de mim, por acaso?

– Sim, estou falando de você, que é tão irremediavelmente crédulo a ponto de acreditar que dinheiro possa dar em árvores, como maçãs ou peras. Eu também, um tempo atrás, fui ingênuo, e sofro por isso até hoje. Aprendi que é preciso saber ganhar dinheiro com trabalho e engenho.

– Ainda não entendi – disse o boneco.

– Saiba que enquanto você estava na cidade vagabundeando e sonhando com árvores carregadas de moedas de ouro, o Gato e a Raposa voltaram aqui, cavaram, pegaram suas moedas e fugiram rápidos como um raio. Quero ver quem será capaz de encontrá-los agora.

Aterrorizado pelas palavras do Papagaio, Pinóquio começou a cavar feito doido o local onde havia enterrado as moedas. Quando já havia um buraco em que ele mesmo cabia inteirinho, o pobre boneco teve certeza de que elas não estavam mais ali.

Tomado pelo desespero, correu para o tribunal para denunciar os dois malandros ao Juiz.

O Juiz era um Gorila, uma espécie de macaco grande com uma barba branca e aparência respeitável. Pinóquio lhe contou tudo o que tinha acontecido, fornecendo nome e descrição física do Gato e da Raposa. No final, o Juiz tocou uma campainha que ficava na sua mesa, e imediatamente apareceram dois policiais.

– Este pobre boneco foi furtado, levaram suas cinco moedas de ouro – disse o Juiz –, portanto, deve ser processado agora mesmo.

Assim que ouviu a sentença, Pinóquio tentou fugir, mas os policiais foram mais rápidos do que ele e o prenderam, levando-o para a sala de audiência onde seria decidido seu futuro. Na qualidade de advogado de defesa, foi-lhe designada uma Galinha.

– Está aberta a sessão! – vociferou o Juiz. – Se o advogado conseguir pronunciar uma frase que resulte inegavelmente verdadeira, o réu será absolvido de qualquer acusação.

A Galinha pensou um momento, depois exclamou:

— Esta frase contém seis palavras!

O Gorila escutou atentamente, começou a contar com suas enormes mãos peludas e, por fim, concluiu:

— Sinto muito, senhora Galinha, mas o que disse não corresponde à verdade. Aliás, é uma mentira sem tamanho. Todavia, em virtude de nossa antiga amizade, concedo-lhe outra chance.

A Galinha se pôs a refletir, depois exclamou:

— Visto que a frase precedente era falsa, será suficiente negá-la para torná-la verdadeira. Portanto, direi: "Esta frase não contém seis palavras."

O Gorila, empalidecido pela segurança com a qual a Galinha tinha respondido, estava para absolver Pinóquio na pura confiança quando teve um ímpeto de zelo. Depois de contar novamente usando suas manzorras, emitiu o veredito:

— Nem mesmo eu consigo explicar por quê, mas essa frase também não corresponde à verdade. O veredito, portanto, é: culpado!

Dito isso, bateu o martelo de madeira sobre a gigantesca mesa da sala de audiência e os dois policiais pegaram o boneco à força para levá-lo à prisão.

Em sua cela, Pinóquio encontrou um pobre Leão, já velho.

— Olá, meu jovem — disse ao boneco. — O que você fez para vir parar neste lugar horrível?

— Não fiz nada, roubaram-me cinco moedas.

— É um delito muito grave, sabe?

— Eu não sabia. Queria apenas ficar rico para poder comprar de volta o casaco do meu pai — rebateu o boneco. E começou a chorar.

– Certa vez – contou o Leão –, disseram que para viver feliz era preciso adotar as regras da democracia. No início, as coisas pareciam funcionar bem, porém, com o passar do tempo, entendemos cada vez melhor que a verdadeira democracia, o poder do povo, não podia funcionar na realidade.

– Como assim? Tinham se enganado?

– Exato. A democracia não passa de um paliativo para fazer o povo acreditar que o poder finalmente está em suas mãos.

– E qual é a solução?

– Não há solução, há apenas quem tira proveito disso. Por exemplo, quem governa esta cidade é um Imperador, que assim se autoproclamou depois da falência da falsa democracia.

– E não se pode tentar criar uma verdadeira democracia?

– Isso não existe. Inclusive foi demonstrado por um famoso matemático.

Diante dessa conclusão, Pinóquio ficou sem palavras. Depois daquele dia, passou outros no cárcere. E outros. E mais outros. E teve de ficar ali por bons quatro meses. Teria permanecido ainda mais se o Imperador, tendo obtido uma vitória sobre seu mais acirrado inimigo, não tivesse decidido proclamar uma anistia e libertar todos os malfeitores que estavam na prisão.

– Se todos vão sair, também quero sair – disse o boneco ao carcereiro.

– Mas o senhor não é um malfeitor – respondeu ele.

– Sou, sim!

– Nesse caso, pode ir embora.

E, dizendo isso, o carcereiro abriu a cela e despediu-se respeitosamente de Pinóquio.

O CANTO DO GRILO FALANTE

Ainda que a declaração do Leão seja, talvez, um pouco imprudente, existem diversos estudos que provocam desconcerto em relação à efetiva existência de um sistema de voto que garanta o respeito à vontade do povo.

Imaginemos, por exemplo, que em uma situação política com três partidos principais (esquerda, centro e direita), o partido da direita obtenha 44% dos votos; o do centro, 13%; e o da esquerda, 43%. Em uma eleição em um único turno, o partido da direita levaria a melhor, mesmo sem satisfazer a maioria da população.

Para remediar esse problema, alguns sistemas eleitorais preveem uma disputa entre os dois adversários que obtenham a maioria dos votos no primeiro turno. Nesse caso, torna-se fundamental entender qual é a segunda escolha de cada grupo de eleitores. Podemos, por exemplo, imaginar que os eleitores da direita, no caso de um segundo turno em que o candidato deles esteja ausente, prefiram votar no do centro, e não no da esquerda. Analogamente, consideremos a hipótese de que os votantes da esquerda prefiram o do centro ao da direita, e que os eleitores do centro subdividam seus 13% do seguinte modo: 5% à esquerda e 8% à direita.

Dadas essas premissas, no primeiro turno eleitoral teríamos, como já mencionado, os seguintes resultados:

ESQUERDA	43%
CENTRO	13%
DIREITA	44%

Portanto, no segundo turno, haveria uma disputa entre direita e esquerda que se concluiria assim:

ESQUERDA	43% + 5% = 48%
DIREITA	44% + 8% = 52%

Visto que 52% da população votou no mesmo candidato, seria possível crer que o sistema é justo e respeita a vontade do povo. Mas o que aconteceria em uma disputa direta entre o candidato da esquerda e o do centro? Os eleitores da direita votariam no candidato do centro, assim como os próprios eleitores do centro, enquanto os da esquerda escolheriam seu próprio candidato. O resultado seria:

ESQUERDA	43%
CENTRO	13% + 44% = 57%

O candidato do centro venceria o da esquerda com uma vantagem muito maior do que aquela obtida pelo candidato da direita no caso descrito anteriormente.

De modo análogo, uma disputa direta entre um candidato da direita e aquele do centro se traduziria no seguinte resultado:

DIREITA	44%
CENTRO	13% + 43% = 56%

Novamente, o candidato do centro levaria a melhor. Temos, portanto, certeza de que o sistema eleitoral que prevê uma disputa entre os candidatos que obtiveram o maior número de votos realmente respeita a vontade da população?

O primeiro a colocar esse problema foi o marquês de Condorcet (1743-1794), no século XVIII, quando descobriu que o resultado de uma votação pode ser influenciado pela ordem dos turnos. A motivação matemática que está na base do paradoxo é encontrada na diferença entre a relação transitiva e a relação intransitiva.

Se, por exemplo, dizemos que Alberto é mais alto do que Bernardo e que Bernardo é mais alto do que Cláudio, podemos concluir que Alberto é mais alto do que Cláudio. Uma relação desse tipo chama-se transitiva.

Nem todas as relações, porém, são desse tipo. Dizer que Alberto odeia Bernardo e que Bernardo odeia Cláudio não leva a concluir que Alberto odeie Cláudio. Aliás, de acordo com o dito popular "o inimigo do meu inimigo é meu amigo", a situação é, provavelmente, oposta. A relação de ódio, portanto, à diferença daquela considerada anteriormente (ser mais alto), não é transitiva.

No paradoxo do voto, as preferências de cada eleitor individual são obviamente transitivas, todavia, essa propriedade não pode ser transferida aos grupos de votantes, criando a situação anômala em que o partido do centro vence em uma disputa direta contra cada um dos outros candidatos, mas perde em um confronto a três.

A partir do resultado de Condorcet, em 1951 o prêmio Nobel de economia Kenneth Arrow formulou seu mais famoso teorema, conhecido como teorema da impossibilidade de Arrow, segundo o qual, em presença de três ou mais candidatos, não é possível construir um sistema eleitoral que respeite completamente as preferências da população.

Arrow partiu de cinco premissas fundamentais que definem de modo completo e exaustivo um sistema democrático:

• não ditatorialismo, ou seja, o sistema deve considerar a vontade de todos, e não de um indivíduo apenas;

- universalidade, ou seja, a escala de preferência social realiza uma ordenação determinística e completa;
- unanimidade, ou seja, se todos os indivíduos, singularmente, preferem o candidato A ao candidato B, a sociedade deve comportar-se do mesmo modo;
- não imposição, ou seja, para uma dupla de candidatos A e B, deve haver a possibilidade, para a sociedade, de preferir A em relação a B (e vice-versa);
- independência das alternativas, ou seja, a população que prefere A em relação a B não mudará de ideia em presença de um terceiro candidato C.

Dadas essas condições, normalmente aceitas como razoáveis em qualquer votação democrática, o teorema da impossibilidade de Arrow demonstra que não existe nenhum sistema eleitoral que satisfaça todas ao mesmo tempo. Em poucas palavras, segundo o teorema, é impossível, em geral, interpretar as intenções de um conjunto de pessoas analisando somente as preferências individuais.

Esse teorema, que balançou fortemente o mundo das ciências políticas e econômicas, fornece um pálido consolo quando nos perguntamos se os políticos que nos governam representam realmente a vontade do povo.

11. Pinóquio fica preso em uma armadilha, mas entrega os verdadeiros ladrões e é recompensado

Vocês podem imaginar como Pinóquio ficou contente ao se ver livre. Assim que saiu da prisão, sem nem olhar para trás, começou a correr em direção à casa de sua irmãzinha, a Fada.

"Quanta coisa me aconteceu", pensou o boneco. "Se há algo que aprendi, porém, é que quando somos desobedientes terminamos mal. Sempre quis fazer tudo do meu jeito, sem dar ouvidos às pessoas que gostam de mim e que têm mais juízo do que eu. Agora, quando chegar em casa, quero ir à escola e me tornar um boneco-modelo, assim meu pai ficará feliz. Não vejo a hora de abraçá-lo novamente. Será que ele ainda está na casa da Fada esperando por mim?"

Enquanto pensava e corria, corria e pensava, ouviu, de repente, um barulho vindo de seu estômago: afinal, havia muito tempo comia apenas as sobras que lhe serviam na prisão, e as cãibras de fome começaram a se manifestar. Decidiu, então, saltar o muro de uma propriedade para colher alguns cachos de uva moscatel.

Mas assim que chegou embaixo da videira... crac! Sentiu dois ferros cortantes apertarem suas pernas como uma mordida. O pobre Pinóquio tinha acabado numa armadilha para animais.

O boneco, como era de esperar, começou a chorar e a berrar, mas era inútil, porque não havia vivalma ao redor.

Finalmente, depois de algumas horas, ouviu o barulho de passos: era o dono da propriedade que tinha vindo conferir se alguma das fuinhas que estavam roubando suas galinhas havia meses tinha ficado presa na armadilha.

– Finalmente peguei você, seu ladrãozinho! – exclamou.

– Não sou quem você está procurando – gritou Pinóquio. – Queria apenas pegar algumas uvas. Faz dias que não como.

– Quem rouba uvas pode muito bem roubar galinhas. Agora lhe darei uma lição.

Dito isso, o proprietário abriu a armadilha, pegou o boneco, colocou uma coleira em seu pescoço e o deixou preso ao lado de uma casinha de madeira.

– Meu velho cão, Melampo – disse o senhor já idoso –, morreu hoje de manhã. Ele montava guarda à noite contra as fuinhas que me roubam as galinhas. Você ficará no lugar dele até que eu consiga capturar aquelas ladrazinhas.

Depois, o homem entrou em casa e trancou a porta. O pobre Pinóquio, triste e sozinho, retirou-se para dentro da casinha de madeira e adormeceu.

Após algumas horas, o boneco foi acordado por vozes. Quando colocou para fora do casebre seu nariz desajeitado, viu um bando de animaizinhos: eram as fuinhas tão procuradas pelo dono da propriedade.

– Boa noite, Melampo – disse uma delas.

– Não sou o Melampo – respondeu Pinóquio –, só um boneco que tomou o lugar dele. O bom farejador morreu hoje cedo, e o patrão me colocou aqui para substituí-lo.

– Pobre animal, era tão bom. E você também parece um bom camarada. Sendo assim, proponho-lhe o mesmo pacto que tinha com ele.

– Que pacto?

– Uma vez por semana, viremos, de madrugada, para pegar oito galinhas. Dessas, comeremos sete e deixaremos uma para você, já depenada e pronta para o café da manhã do dia seguinte. Entendeu?

– Entendi até bem demais. Sigam adiante – respondeu o boneco.

Assim, as fuinhas entraram no galinheiro. De volta a seu posto, Pinóquio decidiu pegar aqueles animais para cair nas graças do patrão e conquistar a tão cobiçada liberdade. Nesse meio-tempo, porém, viu um segundo grupo de fuinhas se aproximando.

– Boa noite, Melampo! – disse uma delas.

– Não sou o Melampo – apressou-se em explicar Pinóquio. E contou novamente a história do cão defunto. Depois, acrescentou: – Vocês estão com suas colegas?

– O quê? Elas também estão aqui? Mas não sabiam que esta semana era nossa vez? – respondeu a fuinha irritada.

E fez tamanha confusão que aquele que parecia ser o chefe do primeiro grupo saiu do galinheiro para ver o que estava acontecendo.

– O que você está fazendo aqui? – perguntou ao chefe do segundo grupo.

– A pergunta é o que *você* está fazendo aqui – respondeu o outro.

– Esta semana é nossa.

– Não, é nossa.

Pinóquio fica preso em uma armadilha

– É mesmo? Você vai ver uma coisa!
– Não. *Você* vai ver uma coisa.

E, dizendo isso, cada um pegou uma pedra bem grande para atirar no adversário. No mesmo momento, Pinóquio teve a mesmíssima ideia. Os três pararam um instante, cada um com sua pedra na mão, e se olharam nos olhos. Depois, a fuinha que liderava o primeiro grupo tomou a palavra.

– Você sabe que nunca erro um lance – disse à outra fuinha.
– Sim, mas você sabe que erro apenas uma vez a cada três, e acredito que isso seja suficiente.

Por fim, virou-se para Pinóquio e disse:

– E você, boneco, é bom em atirar pedras?
– Eu... – gaguejou – ... não sei... Quando meu pai me leva à quermesse, normalmente erro duas vezes a cada três.
– Você é bem fraquinho, hein? – respondeu a fuinha. – E jamais tiro proveito de um adversário mais frágil: vou deixar que atire antes. Lance a pedra!

Naquele instante, o Grilo Falante apareceu aos pés de Pinóquio.

– Não faça besteira, Pinóquio. Largue essa pedra! – disse-lhe o Grilo.
– Mas, se eu fizer isso, esses dois vão me acertar.
– Não vão, não. Estão preocupados demais em acertar um ao outro. Deixe estar.

Dessa vez, Pinóquio decidiu dar ouvido ao Grilo. E fez bem. As fuinhas começaram a se apedrejar, gritando e gemendo até que o dono da propriedade saiu armado de um fuzil.

– O que está acontecendo? – perguntou.
– Os ladrões! – apressou-se em responder Pinóquio.

O homem se aproximou do local da briga e, após ter agarrado e fechado as fuinhas num saco, disse-lhes:

– Finalmente vocês estão nas minhas mãos. Amanhã as levarei ao taberneiro do vilarejo, que as servirá como iguaria a seus clientes. Não merecem um tratamento tão respeitoso, considerem isso um presente meu.

Depois, dirigiu-se a Pinóquio:

– Muito bem, boneco! Para agradecer por ter me livrado dessas fuinhas, eu o deixarei livre para voltar para casa.

Arrancou-lhe do pescoço a coleira de cachorro e lhe deu de presente dois cachos enormes de uva.

O CANTO DO GRILO FALANTE

No jargão literário e cinematográfico, chama-se "impasse mexicano" uma situação aparentemente sem saída, em que duas ou mais pessoas têm uma à outra sob a mira de uma arma de fogo: ninguém pode disparar contra o adversário sem também ser atingido. Um exemplo clássico é a famosa cena final do filme *Três homens em conflito* (1966), de Sergio Leone (1929-1989).

Na base de um dos mais célebres desafios da teoria dos jogos encontra-se justamente um caso específico desse tipo de duelo, que poderia ser chamado de "trielo", por ser um duelo que envolve três protagonistas, exatamente como aconteceu com Pinóquio e as duas fuinhas antes da chegada do patrão.

Na versão original, três pistoleiros têm um ao outro sob a mira de uma pistola. O primeiro deles (A), quando dispara, sabe que consegue acertar o alvo uma a cada três vezes; o segundo (B), duas a cada três; já o terceiro (C) jamais erra um tiro. Visto que todos os três são homens honrados, decidem que o primeiro a disparar será o menos hábil, seguido pelo segundo. Por último ficará, então, o pistoleiro mais talentoso, que sempre acerta o alvo. Em quem o primeiro pistoleiro vai atirar?

Para adivinhar, vamos fazer estimativas sobre as várias situações. Antes de mais nada, é claro que a pior escolha para A seria atirar em B: de fato, se acertasse, quando chegasse a vez de C ele o mataria, uma vez que nunca erra um tiro e não teria outros adversários. Escolhendo, portanto, B como primeiro alvo, para A seria melhor, em vez de acertar, errar o tiro. A situação não mudaria muito se A decidisse atirar em C: se acertasse, na rodada sucessiva o pistoleiro B dispararia contra A e teria duas possibilidades em três de matá-lo. Em ambos os casos, para A seria melhor errar o tiro, em vez de acertar o alvo.

Eis, portanto, uma possível solução para o pistoleiro menos habilidoso, a mesma que o Grilo Falante sugeriu a Pinóquio na nossa história: A deveria atirar para o alto, sem mirar em ninguém. Na rodada sucessiva, seria a vez de B, que, certamente, escolheria C como adversário, porque este último, por conveniência, atiraria contra B. De fato, nenhum dos dois obteria vantagem em disparar contra A, visto que é o inimigo menos terrível que podem escolher.

A conclusão é, portanto, que se A, na primeira rodada, decidisse não atirar em nenhum dos seus combatentes ou errar o tiro de propósito, teria ao menos uma segunda tentativa à disposição, em que apenas um de seus adversários estaria vivo. Se, por outro lado, optasse por mirar e atingisse qualquer um dos outros dois, na rodada seguinte seria, por sua vez, alvo de um pistoleiro mais capacitado do que ele.

Donald Knuth, cientista da computação de fama mundial, além de professor emérito da Universidade Stanford, propôs, em 2010, uma solução pacifista ao problema do "trielo": o pistoleiro A atira para o alto; o pistoleiro B atira para o alto; o pistoleiro C atira para o alto. Assim ninguém se machuca.

12. Pinóquio chora pela Fada, mas encontra um homem estranho que lhe dá um barco de presente

LIVRE, POR FIM, das correntes do velho Melampo e revigorado pelas uvas que lhe foram dadas pelo patrão, Pinóquio começou a correr até não poder mais em direção à casa da Fada.

Tendo chegado à planície onde achava que era o lugar, encontrou a árvore na qual tinha sido pendurado pelo Gato e a Raposa, mas não avistou nenhum vestígio da casa. Teve, então, um pressentimento terrível e se pôs novamente a correr, até que viu, exatamente no local onde estaria a lareira, uma lápide.

Dizia assim:

> AQUI JAZ A MENINA DOS CABELOS TURQUESA,
> MORTA DE DOR POR TER SIDO ABANDONADA
> POR SEU IRMÃOZINHO PINÓQUIO

Diante daquelas palavras, o boneco caiu no chão chorando e berrando. Chorou o dia todo e toda a noite.

– Fadinha, por que você morreu? Eu é que deveria ter morrido em seu lugar, porque jamais dei ouvido a suas sugestões. Como vou fazer sem seus conselhos? Como vou fazer?

Enquanto o boneco continuava desesperado, passou por ali um Pombo. – Diga-me, menino – disse o Pombo –, o que está fazendo aqui sozinho?

– Não está vendo? Estou chorando!

– Você conhece, por acaso, um boneco chamado Pinóquio?

– Você disse Pinóquio? Pinóquio sou eu!

– Então você também deve conhecer Geppetto.

– É meu pai! Claro que o conheço! Como você o conhece? Ele falou de mim? Você pode me levar até ele?

– Três dias atrás, ele estava na praia. Depois de ter rodado por quatro meses toda a região em busca de sua pobre criança, perguntou a torto e a direito se alguém poderia alugar-lhe um barquinho para ir procurar em lugares mais distantes.

– E qual é a distância daqui até a praia onde você o viu?

– Mais de mil quilômetros – respondeu o Pombo.

– Jamais conseguirei alcançá-lo.

– Posso levá-lo.

– Sério? Seria maravilhoso. Mas como?

– Pode subir nas minhas costas. Se você é de madeira, como imagino, não deve ser tão pesado.

– Sou leve como uma folha!

Sem esperar que o outro dissesse mais nada, o boneco montou no dorso do Pombo e, juntos, os dois levantaram voo em direção à costa onde Geppetto se preparava para partir em busca do pobre filhinho.

Quando chegaram à praia, o Pombo deixou Pinóquio, que se pôs imediatamente a procurar o pai. Em primeiro lugar, aproximou-se de um grupo de pessoas que, gesticulando, apontava um barquinho no meio do mar.

– Pobre velho – gritou uma senhora. – Partiu para procurar o filho, mas não sei se conseguirá atravessar a tempestade iminente.

– Mas aquele é meu pai! – berrou Pinóquio.

Entretanto, a pequena embarcação, arrastada de um lado para outro por ondas gigantescas, de vez em quando desaparecia, mas reaparecia pouco depois, para grande alívio do pobre boneco.

Pinóquio logo entendeu que não sobreviveria se mergulhasse naquele mar enfurecido.

– Alguém tem um barquinho para me emprestar? – perguntou às pessoas ao redor.

– Eu não – respondeu uma.

– Nem eu – acrescentou outra.

– Nenhum de nós tem um barco – concluiu, por fim, um homem alto e musculoso. – Você pode, porém, tentar perguntar lá embaixo, perto do porto, onde normalmente organizam gincanas entre velhas embarcações.

Ele nem tinha terminado a frase e Pinóquio já estava correndo em direção ao local indicado. Perto do porto, alguns curiosos tinham se agrupado ao redor de um jogo bem estranho.

– Nesta parede – gritou um homúnculo vestido de cores berrantes – há três portas. Atrás de duas delas encontram-se cabras; atrás da terceira há uma bela embarcação, pronta para zarpar, mesmo com este tempo. Agora vou decidir qual de vocês terá a oportunidade de escolher uma destas portas, desafiando a deusa de olhos vendados.

Os olhos de todos os presentes estavam fixos nas três portas. Pinóquio começou a gritar e a agitar os braços, porque queria ser escolhido a qualquer custo. E a Providência estava do lado dele.

– O boneco, lá no fundo! – gritou o homem.

Pinóquio foi saltitando até chegar às três portas.

– Agora – continuou o desconhecido –, você tem de se concentrar e escolher uma das três portas. Lembre-se de que atrás de somente uma delas encontra-se o barco. Você não vai querer ganhar uma cabra, não é mesmo?

– Não, não! Preciso de um barco para ir salvar meu pai.

E, dito isso, apontou o dedo para a porta número dois.

– Nosso boneco – retomou o homem – escolheu a porta número dois! Estará ali ou não o tão almejado barco? Com certeza, atrás de uma das duas portas restantes haverá uma cabra. Vejamos qual é.

Num só golpe, a porta número um se abriu, e atrás dela apareceu uma cabra, com um olhar não muito mais inteligente do que aquele da maioria dos presentes.

– Agora resta apenas a número três! – prosseguiu o estranho personagem. – Meu caro boneco, como você se chama?

– Pinóquio.

– Muito bem, meu caro Pinóquio, atrás de uma das duas portas restantes está o barco. Você já escolheu a número dois, mas eu lhe dou a oportunidade de mudar e de escolher a número três. Você tem que pensar rápido, porém.

O boneco não sabia o que fazer. O que mudaria se alterasse sua escolha? Depois entendeu que não tinha nada a perder e tomou sua decisão.

– Eu mudo! – gritou.

– Senhoras e senhores, nosso Pinóquio decidiu desafiar mais uma vez a sorte e mudar sua escolha. Será que ele fez bem?

De repente, as duas portas restantes se abriram, e, em meio ao estupor geral, Pinóquio viu que o barco se encontrava exatamente atrás da porta número três, aquela que tinha acabado de escolher. Houve um aplauso fervoroso, e o boneco foi levado pela multidão em delírio até o prêmio.

– É todo seu, Pinóquio! – disse o homem vestido de cores berrantes, que, depois de deixar escapar um "cri-cri", tapou imediatamente a boca e escapou.

O boneco não perdeu nem mais um instante. Tão logo colocou o barco no mar, começou a remar freneticamente para tentar alcançar seu pobre pai, sozinho no meio do oceano.

O CANTO DO GRILO FALANTE

A pergunta que surge de forma espontânea após a leitura deste capítulo é, obviamente: será que ele fez bem em mudar de porta? Foi um golpe de sorte ou a probabilidade estava a seu favor?

A resposta é simplíssima, mas o raciocínio a ser seguido é ligeiramente mais complexo.

Comecemos por dizer que Pinóquio fez a escolha certa: mudar a porta aumenta (mais precisamente, dobra) as probabilidades de vitória. Como em outros casos, não se trata realmente de um paradoxo, porque a solução matemática existe e é extremamente clara.

Segundo o cálculo das probabilidades, no início do jogo Pinóquio tem uma probabilidade igual a $1/3$ de escolher a porta atrás da qual se encerra o prêmio, visto que existem três escolhas diferentes, todas equiprováveis. As outras duas portas, portanto, representam os restantes $2/3$ da probabilidade, sendo $1/3 + 2/3 = 1$.

A escolha da porta número dois dá ao boneco, portanto, uma probabilidade de $1/3$ de ganhar o tão almejado barco. Depois que o apresentador abriu a porta número um, porém, a probabilidade de $2/3$ recaiu inteiramente sobre a única porta restante, a número três: revelar que atrás da porta número um havia uma cabra zerou a probabilidade de que o barco estivesse ali.

Para entender melhor o que significa, podemos imaginar que o apresentador peça a Pinóquio (antes de abrir a porta com a cabra) que mude sua escolha (a porta número dois) para as outras duas portas (a um e a três). Nesse caso, é claro que sua probabilidade aumentaria, chegando a $2/3$.

Esse jogo é conhecido como paradoxo de Monty Hall, porque era proposto num famoso jogo da televisão americana, *Let's make a deal*, apresentado por Monte Halperin, conhecido como Monty Hall.

Nesse programa, o concorrente simplesmente escolhia entre três portas fechadas que escondiam um carro e duas cabras. Em 1990, na revista *Parade*, foi proposta a seguinte questão: se fosse oferecida ao concorrente a possibilidade de mudar sua escolha depois que o apresentador tivesse aberto uma das portas que escondem a cabra, o que ele deveria fazer? A resposta que acabamos de analisar foi fornecida por Marilyn vos Savant, que tinha uma coluna na mesma revista, mas o episódio provocou enorme escarcéu: 92% das cartas recebidas pela revista sustentavam que a resposta estava errada.

O paradoxo das três portas é uma variante do paradoxo das três cartas, proposto em 1950 pelo matemático americano Warren Weaver (1894-1978), que, por sua vez, derivava do paradoxo das três caixas, formulado em 1889 pelo matemático francês Joseph Bertrand (1822-1900).

Uma versão ligeiramente diferente do jogo foi proposta por Martin Gardner (1914-2010) em 1959, com outra ambientação e outros protagonistas. Três prisioneiros, condenados por delitos gravíssimos, estavam aguardando a execução.

Porém, como no mesmo dia se celebrava o aniversário do rei, ele decidiu salvar a vida de um dos três, com a condição de que nenhum deles soubesse, até o último momento, qual seria seu destino.

O primeiro dos três prisioneiros, atormentado pela espera, perguntou ao carcereiro:

– Já que dois de nós serão, de qualquer modo, condenados, com certeza um de meus companheiros terá esse destino. Não lhe custa nada me dizer o nome de um, uma vez que, com isso, você não vai revelar quem de nós será agraciado. Em troca, darei meu relógio a você.

O guarda, pensando que, de fato, o prisioneiro tinha razão, lhe confidenciou que o terceiro companheiro não fora agraciado. O detento agradeceu muitíssimo ao carcereiro: agora que restavam apenas ele e o segundo prisioneiro, considerava que suas probabilidades de salvar-se tinham aumentado de $1/3$ para $1/2$.

Está correto o raciocínio feito pelo prisioneiro? Como vimos antes no caso de Pinóquio, se tudo permanece como no ponto de partida, as probabilidades não se alteram. A probabilidade de salvar-se do pobre detento continua a ser, portanto, de $1/3$: graças à informação recebida do carcereiro, porém, agora ele sabe, ou deveria saber, que o segundo prisioneiro tem uma probabilidade de $2/3$ (aquela restante) de salvar-se.

Se vocês ainda não estão convencidos de que a probabilidade de salvar-se do primeiro detento não pode mudar, basta pensar que o carcereiro não tinha como saber quem dos outros dois prisioneiros estava condenado: talvez tivesse respondido de maneira puramente casual para obter o relógio. Aliás, o próprio detento poderia ter se colocado a pergunta e dado a si mesmo, sozinho, uma resposta aleatória: isso não teria, de qualquer modo, modificado suas possibilidades de salvação.

13. Pinóquio chega ao País das Abelhas-Operárias

PINÓQUIO REMOU, remou, remou até que veio a noite; depois, adormeceu de cansaço. Na manhã seguinte, teve a impressão de ver, à distância, uma porção de terra. Era uma ilha no meio do mar.

– Tenho de alcançá-la – disse. No entanto, devido à borrasca que ainda reinava, as ondas do mar o impediam de aproximar-se. Quanto mais remava, mais as ondas o arrastavam para longe.

De repente, uma onda enorme o surpreendeu e o jogou na água. Pinóquio perdeu temporariamente o senso de orientação e num piscar de olhos foi arremessado na praia.

"Passei um mau bocado", pensou, e seguiu por uma estradinha de terra batida que parecia levar à parte interna da ilha. Caminhou e caminhou, até que anoiteceu novamente. Sentindo cada vez mais os golpes da fome e do cansaço, Pinóquio, para poder suportar ambos, começou a bocejar, até que tombou adormecido aos pés de uma grande árvore.

De manhã, depois de um belo sono restaurador, o boneco parecia mais disposto do que de costume, pronto para procurar ao menos uma alma naquele lugar aparentemente deserto. Tomou, então, uma estradinha que ia dar no meio de um bosque. Caminhou, caminhou e foi parar mais uma vez na praia do dia anterior. De novo, era quase noite.

– Caramba! Fiz o mesmo caminho ao contrário – disse Pinóquio levando a mão à cabeça e começando a coçá-la.

Naquele instante, viu um peixe enorme aproximando-se da praia e, como não sabia como chamá-lo, interpelou-o assim:

– Ei, senhor peixe!

Ao ouvir o chamado, a criatura achegou-se, e Pinóquio pôde finalmente ver seus lineamentos: era um lindo Golfinho.

– Em que posso ser útil? – respondeu ele. – Você deve ser o boneco que percorreu toda a ilha a pé para depois voltar ao mesmo lugar, certo?

– Sim, mas como você sabe? – perguntou Pinóquio, curioso.

– Minha amiga Gaivota me contou. E eu também soube que você partiu do bosque mais ou menos na mesma hora que, no dia anterior, tinha partido daqui.

– E o que isso quer dizer?

– Na verdade, nada. Mas é uma curiosidade que sempre me fascinou: existe, no caminho que você percorreu, um ponto pelo qual você passou, ontem e hoje, exatamente na mesma hora.

– É mesmo? Interessante. Isso significa que hoje cedo parti exatamente no mesmo momento do dia em que comecei a caminhada ontem?

– Não, não necessariamente. Por isso é interessante.

– De fato – concluiu o boneco, pensativo.

– Bom, o que você queria me perguntar? – indagou o Golfinho.

– Gostaria de saber se nesta ilha há um lugar onde se possa comer sem ser comido! Um local onde não se pendurem pobres bonecos em árvores para roubar suas moedas.

– Claro! – respondeu o animal. – Pegue aquela trilha à direita e depois siga sempre em frente. Não tem como errar.

– Muito obrigado, senhor Golfinho. Peço-lhe um último favor: o senhor, que passeia o dia todo pelo mar, não teria por acaso visto um pequeno barquinho com meu pai dentro?

– Com a tempestade que caiu à noite, um barquinho certamente acabou debaixo d'água.

– E meu pai?

– A esta hora já foi engolido pelo Peixe-Cão, que há alguns dias tem espalhado medo e desolação no mar.

– E é muito grande esse Peixe-Cão?

– Grande? Ele é mais alto do que um edifício de cinco andares, e na sua boca caberia um trem inteiro, com a locomotiva e o vagão-restaurante.

– Céus! – respondeu, aterrorizado, o boneco. – Até logo, senhor Golfinho. E obrigado pela gentileza.

Dito isso, Pinóquio embocou na trilha que lhe fora indicada e depois de cerca de meia hora chegou ao pequeno vilarejo das Abelhas-Operárias. Todos ali estavam trabalhando: um carregava uma caixa de lenha, outro, uma ânfora cheia de água, outro ainda martelava pregos e mais outro, depenava galinhas. Não tinha uma alma que vagabundeasse ou pedisse esmolas.

"Certamente não é um vilarejo feito para mim", pensou Pinóquio.

Nesse meio-tempo, o boneco sentiu seu estômago roncar bem alto e se lembrou de que fazia dias que não comia. "Essas pessoas parecem tão boas, certamente alguém terá um pedaço de pão para me dar."

Naquele instante apareceu um homem que transportava dois carrinhos cheios de carvão. Pinóquio aproximou-se dele e perguntou:

– Bom homem, o senhor teria, por acaso, uma moeda? Estou faminto!

– Claro – respondeu o homem –, e lhe darei bem mais se você me ajudar a levar um destes carrinhos até minha casa.

– Nem pensar! – respondeu, convicto, Pinóquio. – Eu lá sou um burro de carga?

– Tudo bem. Estou certo de que sua soberba poderá compensar abundantemente sua fome. Coma um pouco dela e ficará saciado.

Depois de alguns instantes passou um pedreiro com um saco de cimento nas costas.

– O senhor faria uma caridade para um pobre boneco que está bocejando de fome? – perguntou Pinóquio.

– Com prazer. Se me ajudar a carregar este saco até o final da rua, eu lhe darei cinco moedas.

– Mas o cimento pesa, e não quero fazer tamanho esforço.

– Então fique aí bocejando – respondeu o pedreiro, e foi embora.

O CANTO DO GRILO FALANTE

Se alguém estava se perguntando se há conceitos e teoremas da matemática avançada que podem ser aplicados ao dia a dia, este capítulo da história de Pinóquio fornece uma resposta. Na verdade, quando o Golfinho diz ao boneco que certamente em dois dias consecutivos ele passou pelo mesmo ponto no mesmíssimo instante do dia, não está fazendo outra coisa senão aplicar o teorema do ponto fixo, demonstrado em 1912 pelo matemático holandês Luitzen Egbertus Jan Brouwer (1881-1966).

Um dos enunciados mais difundidos desse teorema afirma o seguinte: "Em um espaço euclidiano, cada função contínua de um subconjunto compacto em si mesmo tem ao menos um ponto fixo." Como o leitor leigo pode imaginar, o enunciado, nesses termos, resulta absolutamente incompreensível aos demais (e, de qualquer modo, sua plena compreensão ultrapassa os objetivos deste livro).

Entretanto, as aplicações do teorema são as mais diversas, assim como, às vezes, também são suas demonstrações. No caso do passeio, existe um sistema muito simples para verificá-lo. Imaginemos que, durante o primeiro dia, um segundo boneco percorra a estrada seguida por Pinóquio no dia seguinte exatamente ao mesmo tempo: é claro que, num certo momento e num certo ponto, os dois bonecos vão se encontrar.

Assim também se explica a resposta do Golfinho à observação de Pinóquio sobre o horário: ainda que nos dois dias a partida ocorresse em horários diferentes, o encontro aconteceria. Obviamente, o horário da partida do segundo dia deve ser, de alguma forma, próximo àquele da partida do primeiro: para que o teorema funcione, deve haver, de fato, uma sobreposição, ainda que mínima, dos dois viajantes. Se, por exemplo, Pinóquio tivesse caminhado das 7h às 18h no primeiro dia e das 19h às 6h no segundo, o encontro não teria sido possível.

Há outras aplicações curiosas do teorema. Peguem, por exemplo, duas folhas de papel idênticas e as sobreponham. Nesse momento, vocês podem afirmar que todos os "pontos" da primeira folha estão exatamente sobrepostos aos mesmos "pontos" da segunda. Agora, amassem o melhor que puderem a folha de cima e coloquem a bolinha obtida sobre a de baixo, de modo que ela não saia de sua superfície. Então, o teorema do ponto fixo de Brouwer afirma que ao menos um dos pontos permaneceu em seu lugar. Em poucas palavras, há um ponto da folha amassada que se encontra exatamente sobre seu ponto gêmeo na folha de baixo.

O que distingue a validade do teorema no mundo real é a parte do enunciado que fala de função contínua.

Ainda que no ensino superior o conceito seja frequentemente formalizado sem exemplos práticos, na vida cotidiana estamos circundados por objetos e eventos naturais que podemos definir como contínuos.

No exemplo da caminhada se fala de continuidade porque Pinóquio percorreu toda a trilha do ponto de partida ao ponto de chegada: não desapareceu de repente, reaparecendo, sabe-se lá como, mais adiante ou mais para trás. Do mesmo modo, pode-se falar de continuidade no caso da folha: ela não foi rasgada ou cortada em duas partes, mas permaneceu inteira. Se tivéssemos amassado duas partes da folha previamente rasgada, o teorema não teria mais validade.

Se a continuidade vale para distâncias, vale também para muitos outros valores mensuráveis dos quais fazemos uso todo dia – por exemplo, temperatura. Considerando uma situação ao ar livre, a continuidade aplicada à temperatura sustenta, "acomodando" ligeiramente a definição, que, se nos deslocamos apenas um pouco sobre a superfície terrestre, a temperatura muda apenas um pouco. Graças a esse fato, o teorema consegue demonstrar, por exemplo, que a cada instante existem no nosso planeta dois pontos perfeitamente antípodas em que a temperatura é a mesma. O discurso análogo vale para a pressão atmosférica, a altitude e qualquer outro parâmetro que possamos considerar razoavelmente contínuo.

14. Pinóquio conhece um estranho Barbeiro e reencontra a Fada

A FOME NÃO DAVA TRÉGUA, então Pinóquio entrou no salão de um jovem Barbeiro para tentar obter uma moeda ou qualquer coisa que pudesse mastigar.

Quando abriu a porta da pequena barbearia, deu de cara com um rapaz completamente imberbe concentrado em varrer do chão os resíduos do último cliente.

– Bom dia – disse timidamente Pinóquio.

– Minha nossa, um boneco! – respondeu o Barbeiro. – Jamais tinha aparecido um como cliente. Infelizmente, deixei a lima e a serra em casa, portanto, não poderei ajudá-lo. – E prosseguiu com suas tarefas.

Aquela frase deixou perplexo o pobre Pinóquio, que, por alguns segundos, permaneceu em silêncio. Depois, o enésimo ronco de seu pequeno estômago lhe deu a coragem necessária para abrir a boca.

– Na verdade, não preciso cortar nada. Não como há muitos dias e procuro uma boa alma que me dê uma moeda que seja para eu poder matar minha fome.

O Barbeiro voltou-se para o boneco.

– A caridade se faz apenas aos velhos e aos enfermos. Você, por acaso, é velho?

– N-não – gaguejou Pinóquio.

– Você está doente, então?

– Não, senhor.

– Sendo assim, para ganhar dinheiro, tem de trabalhar. Eu, por exemplo, montei este pequeno salão e não tenho do que reclamar. Imagine que sou o único barbeiro do vilarejo e barbeio todos os homens que não se barbeiam sozinhos.

– Todos mesmo?

– Claro, meu caro rapaz. Exceto, obviamente, aqueles que preferem manter uma barba muito longa. Mas são poucos: afinal, não está na moda.

– Vejo que também está bem barbeado. O senhor se barbeia sozinho?

O Barbeiro, diante da pergunta, ficou embirrado.

– Claro! Que pergunta! Sou o melhor barbeiro, aliás, o único, de toda a ilha.

– Mas se o senhor se barbeia sozinho, então não é verdade que faz a barba somente daqueles que não se barbeiam sozinhos.

Diante dessa observação, o Barbeiro caiu em pranto e disse:

– Eu sei, eu sei, é a minha maldição. Não posso me barbear, mas não posso nem mesmo não me barbear. Meu segredo, porém, é outro: eu, na verdade, não tenho barba. Não cresce, entendeu?

– Ah, pobrezinho! Um barbeiro sem barba.

– Exato. É como um fruteiro que não pode comer frutas, ou um barman abstêmio – continuou o Barbeiro, soluçando.

Pinóquio, sem saber como se comportar, fez o que sabia fazer melhor: fugiu daquele lugar e se pôs a correr o mais rápido que podia.

Em sua corrida, o boneco colidiu com uma senhorinha que carregava dois jarros de água.

– Me desculpe – apressou-se a dizer o boneco.

– Aonde vai com tanta pressa? – perguntou ela.

– Na verdade, não sei. Estou faminto, e ninguém quer me dar nada, a não ser em troca de trabalho.

– O trabalho é a única forma de fazer caixa. No entanto, quero ajudá-lo: beba um pouco da minha água, você também deve estar sedento.

Sem que ela precisasse repetir, Pinóquio bebeu como uma esponja de um dos jarros da mulher, depois resmungou:

– Agora que matei a sede, quero matar também a fome...

A senhorinha, ao ouvir as palavras do boneco, respondeu:

– Se me ajudar a carregar um desses jarros de água, darei um bom pedaço de pão a você.

Pinóquio olhou para os jarros, mas não respondeu à pergunta.

– E, com o pão, lhe darei uma bela couve-flor temperada com azeite e vinagre – continuou a mulher.

O boneco também não respondeu.

– E depois, para finalizar, lhe darei um cubinho de açúcar.

Diante dessa perspectiva, Pinóquio pegou um dos jarros e perguntou:

– Aonde devo levá-lo?

A mulher sorriu e apontou o caminho.

Chegando em casa, ela fez o boneco acomodar-se à mesa posta com o pão, a couve-flor e o cubinho de açúcar. Pinóquio devorou tudo como se não comesse havia semanas, meses talvez.

Satisfeito, ergueu a cabeça para agradecer a sua benfeitora, mas, quando estava para fazê-lo, tudo o que saiu de sua boca foi um longo "Aaaaaahhhhh" de estupor.

– Por que toda essa surpresa? – perguntou a mulher.

Pinóquio começou a gaguejar.

– Mas... mas... sim... sim... a senhora é... não tenho dúvidas... a senhora tem os cabelos turquesa... Minha Fadinha!

Dizendo isso, Pinóquio se pôs a chorar e abraçou a mulher com toda a força que tinha em seu corpo.

– Mas como você conseguiu me reconhecer? – perguntou a Fada.

– É porque lhe quero bem! Ainda que tenha se tornado uma mulher, seu olhar não mudou. Mas como fez para crescer tão rapidamente?

– É segredo, Pinóquio.

– Mas eu quero saber! Também quero crescer e me tornar um homem.

– Os bonecos não crescem. Nascem bonecos, vivem como bonecos e morrem bonecos.

– Não é justo!

– Se você se comportar bem – acrescentou a Fada –, vai se tornar um menino de verdade, eu lhe prometo.

– É mesmo? Diga-me o que devo fazer, e farei.

– Antes de mais nada, deve ir à escola e estudar, em vez de vagabundear por aí o dia todo.

– Eu prometo, Fadinha: irei à escola!

– Depois, você tem de procurar uma arte ou um ofício.

– Mas não quero nem arte nem ofício.

– Por quê?

– Porque odeio trabalhar e odeio fazer esforço.

– Mas até mesmo seu pai já lhe disse: aqueles que não trabalham vão parar quase sempre na prisão ou no hospital.

— A senhora tem razão, Fadinha, meu papaizinho dizia sempre isso, e eu jamais lhe dei ouvido. Onde será que ele está agora?

E Pinóquio ficou triste.

— Não sei. Mas tenho certeza de que se você se comportar poderá revê-lo muito em breve — tranquilizou-o a Fada.

— Verdade?

— Claro.

— Então vou estudar, trabalhar e fazer tudo o que a senhora me disser. A vida de boneco não é mais para mim, quero me tornar um menino de verdade.

— Muito bem, Pinóquio. Amanhã de manhã, você vai à escola e, caso se comporte, deixará de ser boneco.

— A senhora promete?

— Prometo, mas agora depende de você.

O CANTO DO GRILO FALANTE

Quando se fala em paradoxos, um dos exemplos mais presentes no imaginário comum é aquele do barbeiro: em um vilarejo vive um barbeiro, perfeitamente imberbe, que barbeia todos aqueles que não se barbeiam sozinhos. A pergunta é: quem barbeia o barbeiro? Se ele se barbeasse sozinho, a afirmação de que barbeia todos aqueles que não se barbeiam sozinhos seria falsa. Por outro lado, se não se barbeasse sozinho, pertenceria exatamente à categoria que afirma barbear. Como no caso do crocodilo e do parágrafo 22, estamos diante de uma frase contraditória.

Bertrand Russell (1872-1970) utilizou o exemplo do barbeiro para explicar outro paradoxo lógico que ele descobriu pouco depois da publicação de *Fundamentos da aritmética* (1884), de Gottlob Frege (1848-1925). Em seu texto, Frege desenvolveu uma teoria dos conjuntos que considerava coerente e que previa uma regra chamada princípio de abstração ou de compreensão. Segundo esse princípio, cada conceito define um conjunto formado por todos os objetos que correspondem a suas características definidoras. Por exemplo, podemos construir o conjunto de todos os gatos, o conjunto de todos os cães, o conjunto de todos os objetos de madeira, e assim por diante. Sob essa ótica, torna-se natural, porém, tentar construir conjuntos de conjuntos. Podemos imaginar, portanto, um conjunto de todos os conjuntos, que, obviamente, conterá inclusive ele mesmo. Também é possível encontrar descrições de conjuntos que não contêm eles mesmos, por exemplo, o conjunto de todos os conjuntos vazios: este conteria ao menos o conjunto dos gatos com dez patas, que é vazio, e, portanto, não seria, por sua vez, vazio.

Quando, porém, falamos de conjuntos que contêm outros conjuntos e que, por conseguinte, podem conter eles mesmos, há o risco de entrar em contradição. Bertrand Russell descobriu isso considerando o conjunto dos conjuntos que não contêm eles mesmos. Se esse conjunto não fosse um elemento de si mesmo, deveria sê-lo por definição; se o fosse, não deveria mais sê-lo. Como no caso do crocodilo, a situação oposta, ou seja, o conjunto de todos os conjuntos que contêm eles mesmos não produz contradição alguma.

Para encontrar uma solução para esse problema, Russell, em parceria com Alfred Whitehead (1861-1947), tentou reformular a teoria de Frege excluindo todos os conjuntos que criassem contradição. Como havia notado que a definição de um conjunto, por si só, ainda que perfeitamente clara, não era suficiente para determiná-lo, propôs, especificamente, limitar o princípio de abstração às situações em que não fosse levado em consideração o pertencimento de um conjunto a si mesmo. Mais precisamente, Russell idealizou a assim chamada teoria dos tipos, segundo a qual existe uma hierarquia entre os conceitos e, portanto, na construção das frases. Por exemplo, no nível zero dessa hierarquia encontram-se os objetos, como os gatos, os cães e as cadeiras. Subindo um nível, encontramos os conceitos que indicam as propriedades dos objetos, portanto, as frases que se referem a elementos do nível zero, como "Todos os gatos têm quatro patas".

No nível seguinte estão os conceitos que indicam as propriedades das propriedades dos objetos, isto é, as frases que utilizam elementos do nível um, como "A frase 'Todos os gatos têm quatro patas' é verdadeira". Desse modo, não é mais possível que um conjunto tenha como elemento ele mesmo, pelo simples fato de que o conjunto e seus elementos pertenceriam ao mesmo nível, e isso é proibido pela teoria. A solução do paradoxo dos conjuntos está, então, na utilização, a cada nível, somente de elementos do nível inferior, e jamais do mesmo nível.

15. Pinóquio vai à escola, onde faz uma prova-surpresa

Pinóquio se levantou cedo e de ótimo humor, pronto para ir à escola. Nos últimos dias, tinha praticado leitura, escrita e contas.

Por isso, enquanto o boneco consumia com voracidade o café da manhã, a Fada lhe disse:

— Pinóquio, você já está pronto para se tornar um menino de verdade. Na próxima semana, o professor dará uma prova. Se você tiver estudado e se empenhado, com certeza se sairá bem. E caso se saia bem — concluiu —, seu desejo será realizado.

Não é fácil descrever a alegria que Pinóquio sentiu. Ele saltou, gritou e pulou no colo da Fada.

— Não se preocupe, minha Fadinha, farei todas as lições, serei um aluno muito dedicado e me tornarei o primeiro da classe.

— Pinóquio, preste atenção — advertiu a Fada —, é fácil falar. Difícil é cumprir a palavra.

— Eu sei muito bem! Quantas desgraças me aconteceram por conta da minha distração. Mas, desta vez, eu lhe prometo — respondeu Pinóquio —, e saiba que cumpro minhas promessas.

Assim, despediu-se da Fada, que, afinal, o boneco considerava sua mãe, e foi cantando e pulando diretamente para a escola. Ali, encontrou os amigos e não se conteve em dizer que, depois do próximo teste, se tornaria um menino de verdade, como eles.

As crianças entraram na classe e, pouco depois, apareceu o professor.

– Meus caros alunos, na próxima semana quero verificar se vocês estão estudando direito e, para fazê-lo da melhor forma, vou preparar uma prova-surpresa, de modo que vocês não terão como saber em que dia isso vai acontecer.

Da classe partiu um pequeno murmúrio de desaprovação.

– Vocês me entenderam, não adianta reclamar – continuou o professor. – A prova que vocês vão fazer será uma completa surpresa, e não terão como saber o dia exato até que estejam sentados em suas carteiras no próprio dia.

O murmúrio aumentou. Pinóquio, porém, estava tranquilo e disse baixinho a seu companheiro de carteira:

– A partir de agora vou estudar com afinco e firmeza. Prometi à Fada e, desta vez, não vou decepcioná-la.

O professor, então, deu início à aula.

Agora é preciso saber que entre os amigos de Pinóquio havia um que era seu predileto. Seu nome era Romeu, porém, todos o chamavam de Pavio, porque seu aspecto magro e comprido fazia lembrar, justamente, o pavio novo de um lampião. Ele não tinha fama de ser muito estudioso, era preguiçoso e levado, mas Pinóquio gostava muito dele.

No recreio, o boneco foi procurá-lo para lhe contar que em breve seria transformado num menino de verdade. Encontrou-o no pátio, jogando bolinha de gude.

– Meu caro Pavio – começou Pinóquio –, o que você está fazendo aqui, sozinho? Venha estudar comigo. Se eu passar na prova da próxima semana, minha amada Fadinha vai me transformar num menino como você.

– Por que está tão ansioso? Não haverá nenhuma prova – respondeu Pavio, provocando Pinóquio.

– Por que você está dizendo isso? – rebateu o boneco. – O professor disse que semana que vem haverá uma prova. E com certeza está dizendo a verdade, é um homem de palavra.

– É impossível, meu caro – interrompeu o amigo. Depois fez uma pausa e prosseguiu: – Reflita comigo. A semana termina na sexta-feira, certo?

– Certo – disse Pinóquio.

– Portanto, visto que o professor disse que não teríamos como saber o dia da prova e, como você observou, é um homem de palavra, devemos supor que a prova não será na sexta-feira. Se fosse assim, quinta-feira de manhã terminaríamos as aulas sem ter tido prova alguma e poderíamos concluir facilmente que no dia seguinte o professor nos daria a prova.

– Você tem razão, meu amigo, ainda assim restam quatro dias.

– Sim, mas o raciocínio também vale para a quinta-feira. Se no dia anterior, quarta-feira, o professor ainda não tiver aplicado a prova, poderemos então deduzir que ela será na quinta ou na sexta-feira. Mas já teremos descartado a sexta, portanto, será, com certeza, na quinta.

– É verdade! E, novamente – prosseguiu Pinóquio, que tinha entendido o raciocínio de Pavio –, poderemos saber com exatidão o dia, o que contradiz mais uma vez o professor.

– E, do mesmo modo, isso vale também para a quarta e a terça-feira.

– Portanto, a prova será na segunda-feira? – perguntou Pinóquio.

– Talvez sim, talvez não – respondeu Pavio, desta vez rindo –, mas recairemos no caso em que o dia não é mais uma surpresa, portanto, essa prova não poderá acontecer.

– Ah! Que maravilha! – disse o boneco. – Você faz muito bem, então, em jogar bolinha de gude. Posso brincar também?

– Com prazer!

Os dois amigos passaram o resto do dia brincando. E os outros dias também.

Na escola, segunda-feira, como previsto, não houve prova, e, enquanto as outras crianças se matavam de estudar, com medo da prova-surpresa, Pinóquio e Pavio, secretamente, riam delas, cientes de seu raciocínio impecável.

A mesma coisa se deu na terça-feira.

Quando chegou a quarta, o professor entrou na classe, pediu que guardassem os livros e disse:

– Peguem uma folha de papel, hoje vamos fazer a prova.

Ao ouvir essas palavras, Pinóquio caiu em pranto:

– Pobre de mim, pobre de mim. Devia ter ouvido a minha Fada, estudado e me dedicado. Jamais passarei nessa prova, nunca vou me tornar um menino de verdade.

A prova foi feita, e Pinóquio, como se podia imaginar, não passou. Voltou para casa triste e deprimido, com receio de que, dessa vez, a Fada não fosse perdoá-lo.

O CANTO DO GRILO FALANTE

Parabéns ao professor, que, afinal, acertou em cheio: a prova aconteceu e foi, de fato, uma surpresa, tão surpreendente que Pinóquio e Pavio, com um raciocínio lógico aparentemente incontestável, tinham conseguido demonstrar que ela nunca seria realizada.

Tentar resolver esse problema não é nada simples. Não há, de fato, erros no raciocínio dos dois amigos, a não ser o de ter pressuposto, a priori, que o professor tinha dito a verdade.

Vejamos as duas afirmações do professor que deram origem ao problema:

- na próxima semana haverá uma prova;
- os alunos não terão como saber com antecedência qual será o dia da prova.

Se nos basearmos somente nessas duas frases, o raciocínio de Pavio é perfeitamente sensato, e parece que a prova não poderá acontecer. No entanto, isso nega a primeira proposição e, portanto, torna automaticamente nulas as conclusões de Pinóquio.

Para exemplificar, podemos imaginar que o professor diga: "Haverá uma prova-surpresa em um dos próximos dois dias." Segundo o raciocínio de Pavio, a prova não poderá acontecer no segundo dia, do contrário, ao término do primeiro saberíamos com certeza quando seria e, portanto, não seria mais uma surpresa. Então será no primeiro dia? Tampouco, do contrário saberíamos mais uma vez com antecedência e com certeza o dia exato em que se dará. Então essa prova não tem como acontecer? Eis aqui o nó da questão: se consideramos a hipótese de que a prova não acontecerá, ela volta a ser, de repente, uma surpresa. Mesmo na situação mais extrema de um único dia, a lógica nos diz que a prova não pode acontecer porque não seria uma surpresa. Por outro lado, porém, desse modo, acrescentamos uma eventualidade: que o professor decida não dar a prova.

A indecisão, portanto, não sumiu com o raciocínio lógico de Pavio, apenas se deslocou para dois novos casos: a prova será dada ou não. O próprio fato de que, chegado o dia, os alunos ainda não saibam se farão ou não a prova faz dela uma surpresa, exatamente como prognosticado pelo professor.

Esse paradoxo foi observado pela primeira vez em 1943, na Suécia, durante a Segunda Guerra Mundial. Uma transmissão radiofônica convidava a população a ficar pronta para um exercício de defesa civil que aconteceria num dia qualquer da semana seguinte. Para tornar as coisas mais realistas e garantir que a população estivesse sempre pronta, não foi divulgado, com antecedência, o dia exato do exercício de simulação. Um professor de matemática, Lennart Ekbom (1919-2002), percebeu a incongruência e falou sobre isso com seus alunos, dando início a uma linha de discussão que continua até hoje, desde a publicação na revista inglesa *Mind*, em 1948.

16. Pinóquio parte para o País das Brincadeiras

CHEGANDO EM CASA, Pinóquio não sabia como contar à Fada sobre a nota baixíssima que tinha tirado na prova. Foi ela quem tomou a iniciativa de falar:

– Eu o perdoo desta vez também. Mas ai de você se aprontar mais uma!

O boneco abraçou a Fada, pôs-se a chorar de alegria e prometeu que daquele dia em diante iria sempre à escola, estudaria e se comportaria como convém a um boneco responsável.

E assim foi. Pinóquio manteve a palavra por todo o resto do ano escolar e, no final, tirou notas tão altas que se tornou o primeiro da classe.

– Amanhã, finalmente, seu desejo será realizado – disse, então, a Fada.

– Qual? – perguntou Pinóquio, que já havia até mesmo esquecido.

– A partir de amanhã, você não será mais um boneco de madeira, vai se tornar um menino de verdade.

Ao ouvir essas palavras, Pinóquio começou a pular e a dançar pelo quarto.

– Tenho que comemorar! – disse depois à Fada.

– Claro! Amanhã cedo vou preparar um café da manhã delicioso para você e todos os seus amigos. Corra para convidá-los para compartilhar esse momento tão importante.

Ela não precisou repetir: o boneco saiu correndo de casa. Em menos de uma hora já tinha dado a notícia a todos os amigos. Primeiro, alguns pareciam reticentes, mas, quando Pinóquio esclareceu que o pão teria manteiga dos dois lados, ninguém se negou a ir.

— Mas onde está o Pavio? – perguntou o boneco aos companheiros.

— Não sabemos. Já faz um tempo que ele sumiu, mas não sabemos para onde foi.

Pinóquio jamais teria festejado aquele momento tão importante sem Pavio. Ainda que muitas vezes tenha sido a causa de seus problemas, ele continuava sendo seu melhor amigo.

Antes de mais nada, foi ver se estava em casa, mas não teve sucesso. Depois foi em direção à escola, mas antes mesmo de chegar se deu conta de que Pavio não poderia estar ali àquela hora. E sorriu pelo simples fato de ter cogitado aquilo.

De repente, encontrou-o escondido atrás do portão de um curral.

— O que está fazendo aí? – perguntou o boneco.

— Estou esperando para partir.

— E aonde você vai?

— Para longe deste vilarejo e desta escola.

— E quando você vai?

— Daqui a poucos minutos.

— Mas você não pode ir embora bem agora. Amanhã de manhã haverá uma grande festa na minha casa: vou me tornar um menino como você e todos os outros.

— Faça bom proveito! Estou partindo. Vou ao país mais lindo do mundo! Um verdadeiro paraíso!

— E que país é esse?

– Chama-se País das Brincadeiras.
– Parece interessante.
– Interessante? É a terra da fantasia! Imagine que nesse lugar não se vai à escola às quintas-feiras, e cada semana é composta por seis quintas-feiras e um domingo. As férias começam no primeiro dia de janeiro e terminam no último de dezembro. Não há lição de casa, provas nem professor. Não é preciso estudar nem trabalhar.
– Mas se você não faz uma coisa nem outra, como passa os dias?
– Brincando, como diz o nome. Você fica se divertindo o dia todo, depois vai dormir, e na manhã seguinte começa tudo de novo.
– É, sem dúvida, uma vida boa.
– É, sim. E então, você quer ir ou não?
– Não, não e não. Prometi à Fada que voltaria, portanto, vou para casa.
– Como queira. Talvez no País das Brincadeiras você pudesse se tornar um menino do mesmo jeito.
– Como é que você sabe?
– Eu não sei, eu disse "talvez".
– Você acha que poderia ser assim? Eu poderia me tornar um menino sem estudar nem trabalhar?
– Claro! Afinal, se é verdadeira a frase "Todos os bonecos vão à escola", também é verdadeira a frase "Todos aqueles que não vão à escola não são bonecos", certo?
– E onde você ouviu isso?
– Não ouvi em lugar nenhum, é lógica.
– Hum... – fez o boneco, perplexo.

— Pense, Pinóquio: dizer "Se chover, eu pego o guarda-chuva" é como afirmar que se eu não pegar o guarda-chuva é porque não chove, certo?

— Por quê?

— Porque se chovesse eu o pegaria. Mas não o peguei, portanto, não chove.

— Ah! Agora entendi. Portanto, se eu não for à escola, não serei mais um boneco?

— Sei lá. Se você não arriscar, jamais saberá.

— Hum... Mas você vai sozinho?

— De jeito nenhum, somos centenas.

— E vocês vão a pé?

— Nem sonhando! Em poucos minutos passará uma carruagem que nos levará a esse lugar maravilhoso.

— Como eu gostaria que já estivesse aqui.

— Você pode esperar comigo pelo menos.

— Não, não e não. Tenho que voltar para minha Fada.

— Mas eu vou partir daqui a dois minutos.

— Mas depois ela vai ficar brava.

— Deixe que fique. Depois passa.

— Tudo bem, dois minutos. O que são dois minutos, afinal?

— Exato.

— Escute, mas é verdade que nesse lugar não tem professores?

— Nem sombra deles.

— Nem mesmo cartilhas?

— De jeito nenhum.

— Que belo país deve ser. Nunca fui, mas posso imaginar. Pena que não possa ir.

— É mesmo uma pena.

— Adeus, Pavio.

– Adeus, Pinóquio.

Dizendo isso, o boneco se afastou alguns passos, para então voltar imediatamente.

– E você tem certeza de que as semanas têm seis quintas-feiras e um domingo?

– Certeza absoluta!

– Que belo país – repetiu Pinóquio. – Então, adeus!

– Adeus – retribuiu Pavio.

– E boa viagem!

– Muito obrigado.

– Daqui a quanto tempo vocês partem?

– Daqui a pouco.

– Estou quase esperando com você.

Pinóquio se sentou ao lado do amigo, e, depois de poucos minutos, chegou uma carruagem enorme, lotada de crianças e puxada por doze pares de burros. O condutor, um Homúnculo mais largo do que alto, deu a ordem para que os animais parassem e se dirigiu a Pavio:

– E então, meu belo rapaz, quer ir para o País das Brincadeiras?

– Claro!

Em seguida, o homem se dirigiu a Pinóquio:

– E você, o que pretende fazer? Quer vir também?

– Eu fico. Tenho que voltar para minha Fada, que amanhã de manhã vai me transformar num rapaz de verdade.

– Bom para você.

A carruagem estava para partir quando Pavio gritou:

– Pinóquio, acredite em mim, vamos nos divertir muito. E lembre-se: "Todos os bonecos vão à escola" significa que "Todos aqueles que não vão à escola não são bonecos".

– Seu amigo tem razão. Se você for ao País das Brincadeiras, não será mais um boneco – ressaltou o Homúnculo.
– É verdade mesmo? – perguntou Pinóquio, espantado.
– Claro.
– Então, abram um espaço para mim, também vou!

E, dizendo isso, o boneco pulou na carruagem, que partiu em direção ao País das Brincadeiras.

O CANTO DO GRILO FALANTE

Apesar da lição do capítulo anterior, Pinóquio continua a confiar nos raciocínios lógicos de Pavio. E, também neste caso, a argumentação dele, na verdade, não tem falhas. Dizer que "Todos os bonecos vão à escola" equivale, de fato, a afirmar que "Todos aqueles que não vão à escola não são bonecos".

No entanto, tratar conceitos lógicos ao contrário pode produzir paradoxos interessantes, que, ainda que não levem a nenhuma contradição, tornam-se de difícil compreensão, uma vez que são contrários ao senso comum.

Consideremos, por exemplo, a frase "Todos os corvos são pretos". Qualquer um, sem grandes problemas, poderia julgar verdadeira essa afirmação, porém, de um ponto de vista absolutamente teórico, antes de conferir todos os corvos do universo, jamais poderemos ter certeza de sua veracidade.

Para tentar verificar o problema de um modo lógico-matemático, podemos formular diversamente a hipótese, acrescentando uma dupla negação, exatamente como Pavio fez com Pinóquio: em vez de "Todos os corvos são pretos", utilizamos o equivalente "Todos os objetos não pretos não são corvos".

Encontrar, então, uma vaca branca ou um gato ruivo significa, de algum modo, obter uma confirmação do fato de que "Todos os objetos não pretos não são corvos" e, portanto, também de que "Todos os corvos são pretos". Estar circundado por objetos não pretos que não são corvos confirma realmente a hipótese de que todos os corvos sejam pretos?

O primeiro a descobrir esse paradoxo lógico foi o alemão Karl Hempel (1905-1997), em 1945. Ele afirmou que encontrar uma mesa marrom realmente aumenta a probabilidade de que todos os corvos sejam pretos.

Para compreender melhor o problema, podemos considerar um conjunto menor, por exemplo, um saco de balas. Imaginemos que contenha balas de dois sabores diferentes: limão e morango. As de limão são amarelas, enquanto as de morango são vermelhas. Para confirmar a frase "Todas as balas de limão são amarelas", podemos pegar todas as balas do saco, experimentar uma por uma e nos certificar de que, de fato, todas aquelas que têm gosto de limão são amarelas.

Por outro lado, como vimos, a frase em questão também pode ser expressa da seguinte maneira: "Todas as balas que não são amarelas não são de limão." Mais uma vez, pegando as balas do saco e experimentando uma por uma, chegaremos à mesma conclusão.

Então, por que no caso das balas o raciocínio parece correto enquanto para os corvos nos parece estranho? Simples: o número de objetos que não são corvos é tão grande em relação àquele dos corvos que o encontro de um objeto não preto aumenta em modo quase irrelevante a probabilidade de que todos os corvos sejam pretos. Encontrar uma vaca branca, de fato, não confirma apenas a hipótese de que todos os corvos são pretos, mas também a de que todos os corvos são azuis, todos os corvos são laranja, e assim por diante: seu valor é, portanto, tão pequeno que se torna desprezível à nossa intuição.

17. Pinóquio se diverte no País das Brincadeiras e conhece as infinitas crianças que vivem nele

Logo a carruagem chegou ao País das Brincadeiras. Era um lugar jamais visto: as crianças corriam, gritavam, brincavam de pula-sela, dançavam, cantavam, tocavam e o que mais se puder imaginar.

Pinóquio, Pavio e as outras crianças desceram imediatamente para juntar-se à bagunça e num piscar de olhos fizeram amizade com todos.

Naquele local de tanta diversão, os dias, as semanas, os meses passavam sem que as crianças se dessem conta.

– Viu como eu tinha razão? – gritou Pavio para Pinóquio.

– É mesmo! – respondeu o boneco.

– E pensar que você não queria vir para poder ficar em casa estudando e trabalhando.

– Se hoje sou um boneco feliz, o mérito é todo seu. E olhe que o professor sempre me dizia para não confiar em você, porque me levaria para o mau caminho.

Os dois morreram de rir e continuaram brincando.

À noite, normalmente as crianças iam para alguns quartinhos para dormir, e Pinóquio percebeu que, toda noite, o quartinho destinado a cada criança era diferente.

– Na sua opinião – perguntou a Pavio –, por que continuam a nos mudar de quarto?

— Não sei – respondeu o amigo. – Provavelmente, há tantas crianças que não cabemos todas, então nos mudam sempre.

Naquele momento, interveio o Homúnculo que os havia levado até ali na carruagem puxada por burricos:

— Ótima observação, meu caro Pavio. Na verdade, o problema é que vocês, que querem vir viver aqui, são muitos, aliás, são tantos que, na prática, são infinitos.

— Infinitos? – responderam Pinóquio e Pavio em uníssono. – Mas, então, como cabemos todos aqui?

— É muito simples: o número de quartos disponíveis também é infinito.

— Mas ainda há quartos vagos? – perguntou Pinóquio.

— De jeito nenhum! Vocês são infinitos e os quartos são infinitos, portanto, vocês ocupam todos.

— Porém, todos os dias vemos chegar mais crianças.

— E é por isso que a cada noite vocês mudam de quarto. Se, por exemplo, uma nova criança quer vir se divertir no País das Brincadeiras, é meu estrito dever permitir que o faça. E uma vez que os quartos, assim como os hóspedes, são infinitos, isso é possível.

— Mas como, se todos os quartos estão ocupados?

— É muito simples. Transfiro a criança do quarto número 1 para o quarto número 2, aquela do número 2 para o 3, e assim por diante, até o infinito. Ao final de todos esses infinitos deslocamentos, o quarto número 1 estará livre e, portanto, disponível para o novo hóspede.

— Que boa ideia! Mas o que acontece se chegarem cem crianças? Eu me lembro bem de que, quando chegamos, éramos muitíssimos na carruagem.

— Cem crianças? Não tem problema. Transfiro a criança do quarto número 1 para o 101, a do número 2, para o 102, e assim por diante. Dessa forma, os primeiros cem quartos ficarão livres para os novos hóspedes.

– Mas sempre chegam tantas crianças assim?

– Até mais. Uma vez, chegaram infinitas.

– E couberam todas?

– Claro! Eu transferi o hóspede do quarto 1 para o 2, o do 2, para o 4, o do 3, para o 6, e assim por diante. Cada criança foi transferida do próprio quarto para aquele indicado pelo número que era o dobro do anterior. Feito isso, todos os quartos pares estavam ocupados, e todos os ímpares, livres. E como se sabe que os números ímpares são infinitos, todos os infinitos recém-chegados encontraram uma acomodação, sem problemas.

Pinóquio olhou para o Homúnculo, depois se voltou para Pavio e disse:

– Você me trouxe para um lugar realmente fantástico!

O Homúnculo foi embora, e os dois amigos voltaram a brincar e a se divertir como jamais tinham feito.

Certa manhã, porém, Pinóquio acordou e encontrou uma terrível surpresa. Colocando a mão na cabeça, sentiu que suas orelhas tinham crescido exageradamente. Procurou um espelho, mas, como não o encontrou, encheu de água uma bacia e olhou seu reflexo: com grande assombro, viu que lhe tinham crescido duas orelhas de burro!

O boneco começou, então, a chorar, gritar e correr pelo quarto, até que chegou uma Marmota que vivia no andar de cima.

– O que houve? – perguntou a Marmota.

– Estou doente, não está vendo? Por favor, me ajude – respondeu Pinóquio.

A Marmota mediu sua febre, auscultou seu coração e, depois, emitiu o veredito:

– É verdade, Pinóquio, você está doente.

– E o que eu tenho?

– Burrice aguda.

– E o que isso significa?

– Significa que em menos de três horas você não será mais um boneco, vai se transformar num belo burrico, exatamente como aqueles que puxam a carruagem do patrão.

– Ai de mim! Ai de mim! Isso é verdade?

– Meu caro, o que você queria? Optou por não ir à escola e não trabalhar. O destino daqueles como você é tornar-se um burro de carga.

Ao ouvir essas palavras, Pinóquio correu o mais rápido que podia para o quarto de seu amigo Pavio.

– Pavio, meu amigo, abra para mim! – gritou, batendo os punhos na porta sem parar.

– Agora não posso, Pinóquio.

– Por quê?

– Não estou me sentindo muito bem. Estou doente.

– Eu também estou doente. A Marmota me disse.

– É mesmo? – perguntou Pavio, espantado. – E o que ela disse?

– Que em poucas horas não serei mais um boneco.

Pavio, que já tinha entendido, abriu a porta: os dois, quando viram as orelhas de burro um do outro, em vez de ficarem mortificados, rolaram de rir.

E riram por horas e horas, até que, a certa altura, não conseguiam mais manter-se em pé e foram obrigados a ficar de quatro.

O CANTO DO GRILO FALANTE

Que os burros de carga eram muitos se sabia, mas que eram infinitos ficava mais difícil imaginar. E, no entanto, assim era, e, para lidar com essa questão, o patrão do País das Brincadeiras teve de se preparar tomando emprestadas as ideias de um dos mais célebres paradoxos: aquele do hotel infinito.

Idealizada nos anos 1920 pelo matemático alemão David Hilbert (1862-1943), a história do Grande Hotel de Hilbert tem, na verdade, raízes bem mais antigas e procura explicar que, para os conjuntos infinitos, não valem as mesmas regras que regulam os finitos.

O eixo do problema está na assim chamada correspondência biunívoca. Para estabelecer se uma cesta de maçãs e um saco de laranjas contêm o mesmo número de elementos, podemos formar duplas de maçã e de laranja, colocando-as, por exemplo, sobre uma mesa. Se a conta dá certo, ou seja, se há o mesmo número de maçãs e laranjas, diz-se que o conjunto de maçãs está em correspondência biunívoca com aquele de laranjas.

Se estamos lidando com números finitos, por maiores que sejam, as coisas funcionam bem. O problema surge quando passamos a operar com conjuntos de infinitos elementos, como aquele dos números naturais (0, 1, 2, 3, ...): de fato, nesse caso, pode haver correspondência biunívoca entre o conjunto considerado e um de seus subconjuntos. Isso, obviamente, não é possível com os conjuntos finitos: se a correspondência biunívoca só pode ser verificada quando há o mesmo número de elementos, é impossível obtê-la entre elementos de um conjunto finito e uma parte (necessariamente menor) do próprio conjunto. Ou seja, não é possível formar duplas com dez laranjas, de um lado, e seis laranjas, do outro: quatro ficarão sempre sobrando.

Com os conjuntos infinitos, porém, a coisa funciona, e o paradoxo do hotel infinito é uma simpática demonstração desse caso. Voltando à nossa história, quando chega uma única criança ao País das Brincadeiras, por exemplo, o Homúnculo consegue estabelecer uma correspondência biunívoca entre quartos e crianças, ainda que esses dois elementos já estivessem em correspondência biunívoca antes que mais uma criança se juntasse ao grupo. Retomando o exemplo das frutas sobre a mesa, é como se o Homúnculo formasse uma dupla entre a primeira criança já residente no hotel e o quarto número 2, entre a segunda criança e o quarto número 3, e assim por diante. Como o número de quartos é infinito, esse processo nunca tem fim, e jamais há hóspedes insatisfeitos. Aliás, é possível inclusive liberar o quarto número 1 para o recém-chegado.

O primeiro a descobrir essa interessante propriedade dos conjuntos infinitos foi Galileu Galilei (1564-1642), que tratou disso em *Discursos e demonstrações matemáticas acerca de duas novas ciências*, em 1638. Ele percebeu que o conjunto de todos os números naturais podia ser colocado em correspondência biunívoca com aquele, certamente menor, dos quadrados perfeitos (ou seja, aqueles números que se obtêm multiplicando um inteiro por si mesmo: 0, 1, 4, 9, 16, ...).

As reflexões de Galileu foram formalizadas somente muitos séculos mais tarde, pelo matemático alemão Georg Cantor (1845-1918), que definiu, como sugerido por Richard Dedekind (1831-1916), um conjunto infinito como aquele que tem, justamente, a propriedade de poder ser colocado em correspondência biunívoca com um de seus subconjuntos.

Cantor deu, então, prosseguimento às pesquisas e descobriu, em 1874, a existência de diversos níveis de infinito, ou seja, que alguns conjuntos infinitos eram maiores do que outros, também infinitos. Ele conseguiu demonstrar que elevando o número 2 a um infinito qualquer criava-se um conjunto infinito maior do que aquele de partida, e, portanto, de nível superior. Para indicar esses níveis, Cantor utilizou a primeira letra do alfabeto hebraico, aleph (ℵ). O primeiro número dessa sequência é aleph-zero ($ℵ_0$), que corresponde ao número de elementos do conjunto de números naturais. No passo seguinte, temos aleph-um ($ℵ_1$), que representa o infinito de ordem imediatamente superior. Depois, aleph-dois ($ℵ_2$), e assim por diante.

18. Pinóquio foge do circo e é engolido pelo Peixe-Cão

DE REPENTE, alguém bateu na porta com violência.

– Abram! Sou o Homúnculo que os trouxe até aqui! – berrou uma voz que vinha de fora.

Pinóquio e Pavio tentaram fugir e gritar, mas conseguiram apenas mexer de modo desengonçado seus novos membros e soltar alguns zurros horríveis.

Então, a porta foi derrubada com um fortíssimo chute:

– Excelente! Vocês zurraram muito bem! Agora chegou o momento de levá-los à feira – disse o Homúnculo.

Primeiro, ele os acariciou, depois, os escovou e, quando o pelo estava lisinho, colocou neles o arreio. Estavam prontos para serem vendidos.

Assim que os três chegaram à praça, os compradores não perderam tempo. Pavio foi adquirido por um velho camponês que tinha acabado de perder seu burro de carga, enquanto Pinóquio foi vendido ao diretor de um grupo de saltimbancos para ser amestrado e saltar com os outros animais da companhia.

Depois da compra, o burrico Pinóquio foi colocado em um estábulo com feno.

– Aí está! Coma! – disse-lhe o novo patrão.

Pinóquio pegou um bocado, para cuspi-lo em seguida.

– Ah! Não gostou? Agora você vai ver! – disse o homem, dando uma chicotada no jumentinho, que começou a zurrar e a pular de dor.

– Ió, ió, não consigo engolir o feno.

– Então você vai ficar em jejum – concluiu o patrão, e saiu batendo a porta do estábulo.

Depois de algumas horas, Pinóquio começou a sentir a barriga doer de fome e tentou comer o feno novamente.

– Não é assim tão ruim – disse a si mesmo –, mas como eu gostaria que fosse um pãozinho recém-saído do forno. Paciência! Que isso sirva de lição a todas as crianças que não querem estudar.

– Paciência, uma ova! – gritou o patrão escancarando a porta. – Imagine se vou mantê-lo aqui para comer feno à minha custa. Você tem que se tornar a atração do meu espetáculo circense!

Foi assim que Pinóquio teve de suportar meses e meses de duro adestramento para aprender a saltar entre os aros, ficar ereto sobre as duas patas anteriores e muitas outras acrobacias.

Chegou finalmente o dia do espetáculo; para Pinóquio seria a primeira apresentação.

– Senhoras e senhores – disse o patrão diante dos espectadores –, o burrinho que vão ver daqui a pouco foi encontrado por mim enquanto pastava nas montanhas. Eu o peguei e o adestrei pessoalmente para que se exibisse aqui, diante do respeitável público, hoje à noite. Com vocês... Pinóquio!

O burro entrou em cena e foi acolhido com aplausos e ovação.

– Dobre as pernas da frente – disse o patrão. E Pinóquio obedeceu.

– Passo! – E Pinóquio começou a caminhar de modo lento ritmado.

– Trote! – E Pinóquio acelerou um pouco e se pôs a trotar.

– Galope! – E Pinóquio, muito obediente, passou a galopar.

Nesse meio-tempo, os aplausos continuavam sem parar, cada vez mais fervorosos. O burrico estava quase se sentindo querido, até que viu, nas arquibancadas, sua adorada Fada.

– Minha Fadinha! – tentou gritar, mas saiu apenas um zurro ensurdecedor.

– Pode deixar que vou lhe ensinar a zurrar para o público! – interveio o patrão, dando-lhe uma chicotada que o derrubou no chão. Pinóquio se reergueu rapidamente, mas a Fada não estava mais lá.

– E agora – continuou o patrão dirigindo-se aos espectadores – veremos como este burro é um verdadeiro saltador de aros.

Pinóquio tomou distância e fez algumas tentativas, mas preferiu passar tranquilamente por baixo do aro, provocando a gargalhada do público. Quando, porém, viu a expressão furiosa do patrão, pegou impulso e o atravessou. No entanto, suas patas traseiras ficaram enganchadas, e ele caiu no chão de forma desastrosa.

Ele se levantou, visivelmente manco, e voltou para o estábulo.

Na manhã seguinte, o veterinário disse ao dono do circo que Pinóquio ficaria manco por toda a vida.

– E o que vou fazer com um asno manco? – respondeu o patrão. Depois, dirigindo-se a um empregado do circo, continuou: – Vá à feira e tente vendê-lo por uns trocados. Se não conseguir, pode jogá-lo no mar.

O empregado obedeceu. Ou melhor, obedeceu pela metade. Como não tinha vontade de tentar vender o burrinho, decidiu ir diretamente para o mar e, ao chegar ao cais, empurrou Pinóquio para dentro da água.

Após alguns minutos, o pobrezinho veio novamente à tona e percebeu que tinha voltado a ser boneco.

– A Fada, afinal, não deve me querer mais, e eu não sei para onde ir – disse. – Só me resta uma possibilidade: partir em busca do meu pai. Pobre velho, passou a vida procurando por mim, e eu passei a minha a desobedecê-lo.

Pinóquio começou, então, a nadar em direção ao alto-mar. Passadas diversas horas, viu, no meio do mar, uma espécie de recife branco. Curioso, o boneco se aproximou para entender melhor de que se tratava, mas ainda não tinha chegado quando o recife branco se mexeu, e da água surgiu um monstro marinho: era o Peixe-Cão, do qual tanto ouvira falar.

Pinóquio começou então a nadar o mais rápido que podia. Tinha ao menos cem metros de vantagem, mas o monstro era muito mais veloz do que ele.

"Ele não vai me alcançar", pensou o boneco. "Quando chegar ao lugar onde estou agora, já terei escapulido e estarei pelo menos uns dez metros à frente."

Enquanto isso, a terrível criatura se aproximava cada vez mais.

"E, depois", tentou convencer-se, "quando ele tiver atingido esse ponto, estarei um pouquinho mais adiante, pelo menos um metro."

E o Peixe-Cão estava cada vez mais perto.

"E mais: quando estiver onde estou agora, eu já terei me deslocado de novo, pelo menos uns dez centímetros. E será assim até o infinito, de modo que ele nunca vai me alcançar."

Quanto mais pensava nessas coisas, mais forças Pinóquio encontrava para continuar a nadar.

"Um centímetro..."

Mas nem teve tempo de terminar a frase: o monstro abriu a boca e o engoliu. Foi sugado de forma tão violenta que desmaiou.

Quando acordou, o ambiente a seu redor estava completamente escuro. Tentou pedir ajuda, mas sua voz ecoava nas paredes, que não tinha nem mesmo como enxergar. Ele não recebeu nenhuma resposta.

O CANTO DO GRILO FALANTE

Há quase 2.500 anos, um filósofo grego chamado Zenão enunciou pela primeira vez o raciocínio utilizado por Pinóquio, escolhendo como protagonistas de sua história Aquiles e uma tartaruga. O animal queria desafiar o famoso herói para uma corrida de um quilômetro, mesmo sabendo que ele, não por acaso, tinha o apelido de "pés ligeiros". Além disso, a tartaruga sabia que não era exatamente o animal mais veloz do universo, aliás, estava perfeitamente ciente de que corria numa velocidade que era um décimo da velocidade de seu rival. Aquiles, por seu espírito esportivo, decidiu dar cem metros de vantagem à tartaruga.

A corrida teve início. Depois que Aquiles tinha percorrido os primeiros cem metros, a tartaruga tinha avançado um. Aquiles, então, também superou aquele metro, porém, nesse meio-tempo, a tartaruga tinha avançado mais dez centímetros. O herói também percorreu aqueles dez centímetros, mas, nesse meio-tempo, a tartaruga tinha se deslocado mais um centímetro para a frente. Como essa história se repete até o infinito, segundo Zenão, Aquiles jamais conseguirá alcançar a tartaruga.

O problema se resolve muito rapidamente com o moderno cálculo infinitesimal. Todavia, como Zenão e os matemáticos de sua época não tinham esse instrumento à disposição, não foram capazes de encontrar o erro em seu raciocínio.

Para compreender melhor a situação, consideremos outro paradoxo de Zenão, que tem como protagonista apenas Aquiles.

O herói, nesse caso, tem de percorrer um quilômetro, porém, sustenta o filósofo, jamais conseguirá chegar ao final do percurso. Chamemos A o ponto de partida e B o de chegada. Depois de ter iniciado sua corrida, a certa altura Aquiles atingirá o ponto médio entre A e B, que chamaremos C. Pouco depois, percorrerá também a metade do caminho que resta, alcançando o ponto médio entre C e B, que chamaremos D. Da mesma forma, encontrará, em sua corrida, o ponto médio entre D e B, que chamaremos E, e assim por diante. Visto que o raciocínio pode ser repetido infinitamente, Aquiles jamais alcançará o ponto B.

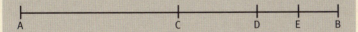

Analogamente, Zenão afirmava que Aquiles não poderia sequer começar a corrida. De fato, para ir de A a B, ele deveria, antes de tudo, percorrer metade do trajeto entre A e B e, portanto, chegar ao ponto C.

No entanto, antes de poder chegar a C, deveria alcançar o ponto médio entre A e C, que chamaremos F. Porém, antes ainda, deveria percorrer a primeira metade entre A e F, e assim até infinito.

O erro que está na base do raciocínio de Zenão em todos os três paradoxos considerados diz respeito às somas infinitas de números que, na época do filósofo grego, se acreditava que tivessem como resultado um número infinito.

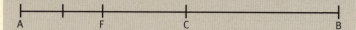

Em alguns casos, isso é verdade, como fica evidente se tentarmos somar 1 + 1 + 1 + 1 + ... infinitas vezes. Somas desse tipo são chamadas *divergentes*.

Entretanto, em outros casos, a soma de valores infinitos pode ter como resultado um número finito, e esse é o caso dos dois paradoxos que têm apenas Aquiles como protagonista. De fato, somando ½ + ¼ + ⅛ + ¹⁄₁₆ + ... obtém-se, simplesmente, 1, que é, de modo intuitivo, justamente a distância que tem de percorrer o "pés ligeiros". Somas desse tipo recebem o nome de *convergentes*.

Discurso análogo vale para o paradoxo da tartaruga. No momento da partida, Aquiles encontra-se no ponto A, enquanto a tartaruga, no T. Quando, então, o herói alcança o ponto T, sua rival deslocou-se para U; no momento em que Aquiles chega ao ponto U, a tartaruga atingiu V, e assim sucessivamente.

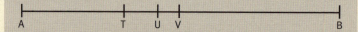

Também nesse caso, para verificar se os dois concorrentes vão se encontrar (ou se Aquiles vai ultrapassar a tartaruga), basta adicionar os vários termos em questão e conferir se a soma converge. Utilizando os valores numéricos da história (escolhidos de forma a facilitar os cálculos), sabemos que o ponto T se encontra a cem metros de A (vantagem oferecida por Aquiles à tartaruga). Quando o herói tiver percorrido esses cem metros, chegando em T, o animal terá atingido U, e como a velocidade da tartaruga é igual a um décimo daquela de Aquiles, a distância entre os pontos T e U é de dez metros.

Prosseguindo desse modo, podemos facilmente verificar que a distância entre U e V é de um metro, e assim por diante, dividindo, a cada vez, por dez o valor obtido anteriormente.

A soma dos infinitos termos obtidos é $100 + 10 + 1 + 1/10 + 1/100 + ...$, que dá aproximadamente 111,1, portanto, podemos afirmar que Aquiles vai ultrapassar a tartaruga depois de pouco mais de 111 metros.

Não há, portanto, paradoxo algum. Todavia, foram necessários mais de 2 mil anos, tempo transcorrido de Zenão a Cantor, para que os matemáticos conseguissem descobrir finalmente onde estava o erro no raciocínio do filósofo grego.

19. Finalmente Pinóquio deixa de ser um boneco e se torna um menino

Depois de alguns minutos no estômago do grande peixe, a vista de Pinóquio começou a habituar-se à escuridão. Tateando, procurou ir em direção à saída, até que percebeu um pequeno clarão um pouco adiante e decidiu alcançá-lo.

Quanto mais ele se aproximava, mais luminoso o clarão se tornava. Caminhou e caminhou, até que pareceu reconhecer o perfil de um velhinho sentado a uma mesa posta. Uma vela fraca iluminava a cena.

Diante daquela visão, o boneco caiu em pranto de alegria e correu para o velho senhor.

– Meu papaizinho, é o senhor mesmo? Finalmente o reencontrei!

– Então meus olhos não estão mentindo? – disse o velho. – É você mesmo, meu querido filhinho Pinóquio?

– Sim, papai, e nunca mais o deixarei só.

Dito isso, Pinóquio começou a contar a Geppetto todas as desventuras que tinha vivido.

– E o senhor, papai, há quanto tempo está aqui?

– Dois anos, dois longuíssimos anos.

– E como conseguiu sobreviver esse tempo todo?

– Saiba, querido Pinóquio, que a borrasca que afundou minha pequena embarcação também foi letal para um navio mercantil. O faminto Peixe-Cão, depois de mim, também o engoliu. E dentro havia carne enlatada, velas, óleo e vinho, que me permitiram sobreviver até hoje. Mas não vai durar muito mais: esta vela que você está vendo é a última. Em breve, ficaremos no escuro.

– Então, meu papaizinho, não podemos perder tempo. É preciso fugir deste lugar o mais rápido possível.

– Mas como vamos fazer? Não sei nadar.

– Vou levá-lo nas costas: sou feito de boa madeira e sou um hábil nadador. Confie em mim.

Sem dizer mais nada, Pinóquio pegou a vela com uma das mãos, tomou Geppetto com a outra e seguiu diretamente para a garganta do Peixe-Cão. Saibam que o monstro, por sofrer de asma, era obrigado a dormir com a boca aberta.

Depois de terem escalado a garganta, encontraram-se na enorme boca e viram o mar estender-se diante deles por quilômetros.

– O senhor está pronto, meu papaizinho? Agora, agarre-se às minhas costas.

E, assim, Pinóquio deixou-se abraçar por Geppetto e ambos pularam no mar. O boneco nadou sem descanso por horas e horas, até que os dois viram uma praia à distância.

Quando chegaram à orla, Pinóquio ajudou seu pobre pai a levantar-se, e os dois começaram então a caminhar em busca de uma boa alma que lhes desse um pedaço de pão e um copo d'água.

Tinham dado uns poucos passos quando viram dois tipos suspeitos à beira da estrada: eram o Gato e a Raposa, obrigados a pedir esmola depois de terem ficado doentes de verdade.

– Pinóquio, meu caro, dê uma esmola a dois pobres inválidos – disse a Raposa, reconhecendo o boneco.

– Vocês já me enganaram uma vez, agora não me enganam mais – respondeu Pinóquio.

– Não nos abandone!

Mas Pinóquio nem respondeu e prosseguiu, carregando o pobre Geppetto nos ombros.

Quando chegaram ao final da estrada, viram uma cabana de palha com um ar muito acolhedor e decidiram bater na porta.

– Quem é? – respondeu uma voz lá de dentro.

– Somos dois pobres famintos – disse Pinóquio.

– Entrem.

Pinóquio e Geppetto atravessaram a soleira, mas não viram ninguém.

– Estou aqui em cima – disse uma voz fraquinha.

Os dois olharam para cima. Em uma trave do teto apareceu o Grilo Falante.

– Grilinho querido! – gritou Pinóquio de alegria.

– Muito bem! Agora sou o "Grilinho querido", porém, se bem me lembro, no segundo capítulo você me expulsou de casa a marteladas!

– Você tem razão, e pode me expulsar também, se quiser, mas tenha piedade do meu pobre pai.

– Não vou mandar ninguém embora. Venham e tratem de se restabelecer, parece que estão mesmo precisando.

Assim, os dois comeram, dormiram e relaxaram um pouco depois da terrível aventura no mar.

Na manhã seguinte, Pinóquio se levantou cedo e procurou um copo de leite para seu pai.

– Não tem mais nada – disse o Grilo Falante. – Mas você pode pedir na fazenda do hortaliceiro Janjo, um pouco mais adiante.

O boneco não esperou que o Grilo dissesse mais nada; e, assim que chegou à propriedade de Janjo, perguntou se poderia obter um copo de leite.

– Eu lhe darei um copo de leite se você me der dinheiro – disse-lhe o fazendeiro.

– Mas não tenho nada.

– Então, não tenho leite.

Pinóquio, aflito, estava se virando para fazer o caminho de volta quando Janjo lhe disse:

– Você pode me ajudar a levar água para casa. Se encher cem baldes no poço que fica no final do vale, vou lhe dar o copo de leite que me pediu.

O boneco pôs-se imediatamente a trabalhar, mas quanto esforço teve de fazer por aqueles cem baldes!

Terminada a árdua tarefa, todo suado, foi até o hortaliceiro, pegou o copo de leite e voltou para a cabana.

A partir daquele dia, todas as manhãs, Pinóquio levantava-se cedo para pegar água e levar o leite a seu pobre pai, de saúde tão frágil. Com o tempo, também aprendeu a fazer cestos de junco; com o dinheiro que ganhava com a venda dos cestos, provia as compras do dia a dia.

– Ah, se pudesse voltar no tempo, quantas coisas eu faria de outro jeito – disse um dia Pinóquio a seu pai.

– Infelizmente, isso não é possível – respondeu Geppetto.

– Mas seria uma coisa e tanto! Deveriam realmente inventar uma máquina que nos desse essa possibilidade.

– Sim, mas assim se criariam situações paradoxais.

– Mais do que aquelas que vivi até hoje?

– Muito mais. Você poderia voltar no tempo e encontrar consigo mesmo, por exemplo.

– Assim eu não ficaria mais sozinho – respondeu o boneco sorrindo.

– Mas você jamais esteve só. Tinha eu, o Grilo Falante e a Fada. Sabendo amar, ninguém está só neste mundo. E, depois, você cresceu, trabalha e toma conta de seu pobre velho: para que voltar no tempo?

– A única coisa de que me arrependo é não ter me tornado um menino como todos os outros.

– Esse momento também chegará, Pinóquio. Você só precisa ter paciência.

E o momento chegou poucos meses depois.

Certa manhã, Pinóquio acordou particularmente feliz. Assim que abriu os olhos, percebeu que a casinha de palha e madeira tinha se transformado num belo lar, com paredes sólidas e uma mobília elegante. Saiu imediatamente da cama, mas teve uma estranha sensação; olhou para as mãos e soltou um grito de alegria: tinha se tornado um menino! Olhou-se no espelho e nem sequer se reconheceu: estava bonito, vistoso e tinha um olhar inteligente.

Correu para Geppetto e o encontrou disposto e de bom humor.

– Mas como é possível que tudo isso tenha acontecido?

– Quando um menino mau torna-se bom, tem o poder de mudar para melhor todo o mundo a seu redor.

Naquele momento, Pinóquio sentiu que havia algo em seu bolso que não estava ali na noite anterior. Colocou a mão e retirou um pequeno porta-moedas de marfim. No início, não entendeu, mas depois observou o objeto à contraluz: emitia um brilhante reflexo azul, aliás, turquesa.

Abraçou o pai com a ternura e o afeto de um filho e disse:

– Como estou feliz por ser um bom menino!

O CANTO DO GRILO FALANTE

O mundo da literatura e do cinema está repleto de narrativas que falam de viagens no tempo, e muitas vezes surge a pergunta: esse tipo de viagem é logicamente possível?

A resposta, infelizmente, é não. Além do limite físico, pelo qual ainda não conseguimos viajar no tempo, também do ponto de vista da coerência uma viagem no tempo levaria a contradições e paradoxos de impossível solução. Imaginemos, por exemplo, que um homem invente uma máquina do tempo, volte dez anos e mate a si mesmo: como faria, depois, para inventar a máquina do tempo? E para qual futuro poderia voltar, se nunca existiu (uma vez que foi morto)?

Considerando também a hipótese de uma viagem para o futuro, iríamos de encontro às mesmas contradições lógicas. O homem do exemplo anterior poderia optar por viajar no tempo dez anos para a frente e, após verificar que sua casa continuava intacta, picharia algo em um de seus muros. De volta ao passado, decide demolir a casa. O que acontecerá depois de dez anos? A casa estará ali ou não? Como o protagonista poderá fazer a pichação?

Por anos e anos, físicos e filósofos quebraram a cabeça com esse tema, fornecendo duas soluções, igualmente válidas, que neutralizam os paradoxos temporais.

A primeira, muito utilizada nas histórias de ficção científica, é aquela dos universos paralelos.

Cada vez que acontece uma viagem no tempo, o universo se bifurca em duas cópias diferentes: uma com a linha temporal original, outra com a nova linha temporal, modificada pela viagem no tempo.

Sob essa ótica, se voltarmos no tempo e modificarmos o passado, poderemos retornar somente para o futuro do tempo alterado e não para aquele de onde viemos. Na famosa trilogia cinematográfica dirigida por Robert Zemeckis no fim dos anos 1980, *De volta para o futuro*, Doc, o cientista inventor da máquina do tempo, utiliza esse expediente para explicar como, no retorno dos protagonistas a sua época original, as coisas que os circundam estão irremediavelmente alteradas.

A segunda hipótese, formulada pelo físico russo Igor Dmitriyevich Novikov e por seu colega americano Kip Thorne, chama-se princípio da autoconsciência (ou da autocompatibilidade) e estabelece, ao contrário da teoria anterior, que a linha do tempo não pode ser alterada. Segundo esse princípio, a linha temporal tem o poder inato de conservar-se como é; se voltássemos no tempo e tentássemos nos matar, aconteceria uma série de eventos que nos impediriam de fazê-lo. Exemplo disso é o filme *A máquina do tempo*, de 2002, baseado no romance homônimo de H.G. Wells (1866-1946), em que um jovem inventor do fim do século XIX, Alexander Hartdegen, consegue construir uma máquina do tempo. Um dia, Emma, sua noiva, é morta durante um assalto, e Alexander decide usar seu invento: volta ao passado, salva a moça, mas, poucos minutos depois, ela é atropelada por uma carruagem. Ele tenta novamente, salva outra vez a moça, que, porém, é mais uma vez morta. A linha temporal se mantém, como uma espécie de destino que não pode ser modificado.

Epílogo

– Meu amigo, é você mesmo?

Pinóquio, já um rapaz, virou-se e não pôde crer em seus próprios olhos.

– Pavio! Não achei que ia reencontrá-lo. Como você está? O que tem feito?

– Estou muito bem. Que mau bocado passamos no País das Brincadeiras, não? Agora, porém, coloquei a cabeça no lugar e trabalho como carpinteiro.

– Muito bem, Pavio! Já eu fabrico cestos e sou muito bem-sucedido.

– Quantas coisas vivemos juntos. Mas você não sente falta das travessuras que fazíamos quando crianças?

– Às vezes, sim, devo admitir.

– Então, por que não fazemos uma brincadeira agora mesmo?

– Acho que, se nos reencontramos depois de tanto tempo, algum motivo deve ter. E gosto da ideia da brincadeira. Do que você quer brincar?

– Não tenho ideia. Eu me esqueci de quase todos os jogos da infância – respondeu Pavio, com ar triste.

– Então a gente inventa um jogo – propôs Pinóquio.

– Ou melhor: vamos brincar de adivinhar que jogo é.

– Boa! Mas o que eu preciso fazer?

— Bem, quase todos os jogos têm dados. Comece, portanto, lançando um dado.
— Por quê?
— Sei lá! Você é que deve me dizer, se quiser ganhar...

Bibliografia

Blatner, David. *Le gioie del Pi Greco*. Milão, Garzanti, 1997.
Bottani, Andrea e Davies, Richard. *Ontologie regionali*. Sesto San Giovanni (MI), Mimesis, 2007.
Chow, Timothy Y. "The Surprise Examination or Unexpected Hanging Paradox". *American Mathematical Monthly*, n.105, 1998.
Courant, Richard e Robbins, Herbert. *Che cos'è la matematica?* Turim, Bollati Boringhieri, 2000.
Falletta, Nicholas. *Il libro dei paradossi*. Milão, Teadue, 1994.
Gamow, George e Stern, Moritz. *Puzzle Math*. Nova York, Viking Adult, 1958.
Gardner, Martin. *Ah! Ci sono! Paradossi stimolanti e divertenti*. Bolonha, Zanichelli, 1987.
_____. *Enigmi e giochi matematici*. Milão, Rizzoli, 1998.
Havil, Julian. *Nonplussed! Mathematical proof of implausible ideas*. Princeton (NJ), Princeton University Press, 2007.
Knuth, Donald E. *Selected Papers on Fun and Games*. Stanford, Center for the Study of Language and Information, 2010.
Lorenzini, Carlo. *Le avventure di Pinocchio*. 1883.
Mehlmann, Alexander. *The Game's Afoot! Game Theory in Myth and Paradox*. American Mathematical Society, 2000.
Odifreddi, Piergiorgio. *C'era una volta un paradosso. Storie di illusioni e verità rovesciate*. Turim, Einaudi, 2001.
Orilia, Francesco. *Identità nel tempo e identità intertestuale*. Seminário de Filosofia Analítica. Pádua, Università di Padova, 2002.
Tirelli, Mario. *Il teorema dell'impossibilità di Arrow*. 2010.

Agradecimentos

Quando se escreve um livro, é impossível conseguir lembrar-se de todas as pessoas que suportaram o humor do autor durante a fase da redação (sobretudo da primeira versão) e que, portanto, mereciam, por direito, uma menção nesta página. Agradeço a todas, sem as nomear: cada uma, em seu coração, sabe que falo dela.

Há, porém, três pessoas sem as quais este livro provavelmente jamais teria vindo à luz. São elas: Martha Fabbri, Alice Gioia e Marco Cagnotti, ainda que por motivos bem diferentes.

Além disso, gostaria de expressar minha gratidão a Alberto Bianchi, que leu as provas e as enriqueceu com sugestões; a Silvia Tagliaferri e Doriana Rodino, que fizeram o trabalho de edição de maneira precisa e profissional; a Angelo Guerraggio, que abrilhantou este texto com seu prefácio.

Por fim, não pode faltar um obrigado a Carlo Lorenzini, verdadeiro inspirador deste livro, e, por extensão, a sua criatura, Pinóquio, que cada vez que aparece em minha vida consegue sempre me ensinar algo de novo.

1ª EDIÇÃO [2015] 3 reimpressões

ESTA OBRA FOI COMPOSTA POR MARI TABOADA EM DANTE PRO E
IMPRESSA EM OFSETE PELA GEOGRÁFICA SOBRE PAPEL PÓLEN NATURAL
DA SUZANO S.A. PARA A EDITORA SCHWARCZ EM ABRIL DE 2023

A marca FSC® é a garantia de que a madeira utilizada na fabricação do papel deste livro provém de florestas que foram gerenciadas de maneira ambientalmente correta, socialmente justa e economicamente viável, além de outras fontes de origem controlada.